高等学校计算机规划教材

# 数据结构与算法

唐名华　主　编

彭诗力　刘秋莲

朱海冰　韩　冬　　编　著

电子工业出版社

**Publishing House of Electronics Industry**

北京·BEIJING

## 内 容 简 介

　　本书系统地介绍了数据结构与算法的基本知识。第 1 章介绍了数据结构和算法相关的概念，并介绍了本书配套的考试软件的使用方法。第 2 章～第 7 章按照逻辑结构对数据结构进行了分类，具体分为线性表、栈和队列、字符串、数组和广义表、树和二叉树、图；在介绍每种数据结构的时候又按照不同的存储结构分别进行了介绍，同时介绍了各种运算在具体存储结构中的实现方法，并给出了用 C 语言实现的算法描述，这样就形成了逻辑结构、存储结构及运算一致的数据结构的学习思路，极其有利于初学者学习。第 8 章和第 9 章分别介绍了常用的查找和排序算法。

　　本书可以作为高等院校计算机相关专业的教材，也可以作为从事计算机应用开发人员的参考用书。

**图书在版编目（CIP）数据**

数据结构与算法 / 唐名华主编；彭诗力等编著. —北京：电子工业出版社，2016.3

ISBN 978-7-121-27728-3

Ⅰ. ①数… Ⅱ. ①唐… ②彭… Ⅲ. ①数据结构—高等学校—教材②算法分析—高等学校—教材

Ⅳ.①TP311.12

中国版本图书馆 CIP 数据核字（2015）第 287022 号

策划编辑：戴晨辰
责任编辑：郝黎明
印　　刷：北京七彩京通数码快印有限公司
装　　订：北京七彩京通数码快印有限公司
出版发行：电子工业出版社
　　　　　北京市海淀区万寿路 173 信箱　邮编　100036
开　　本：787×1 092　1/16　印张：14.5　字数：371.2 千字
版　　次：2016 年 3 月第 1 版
印　　次：2021 年 12 月第 5 次印刷
定　　价：39.00 元

# 前　　言

随着信息技术的不断发展，计算机、平板电脑、智能手机等电子设备逐渐普及，人们的生活正在悄然发生着改变。有了先进技术设备的支持，在教育领域也就能够进行比较大的改革，对传统的教学、考试手段进行比较大的革新。

传统上，在学期末进行考试有以下几方面的弊端。

（1）临考突击。很多学生平时并不努力学习，只在临考前突击复习，考完后又把知识忘光，没有学习效果。

（2）难以为继。一门课程的知识是前后连贯的，前面章节的知识是后面章节知识学习的基础。如果学生没有把前面的知识掌握好，到了学期的中后期，教师和学生之间就丧失了互动的基础，教学活动就难以为继。

（3）失去良机。教师在期末考试的时候才发现学生没有学好，但为时已晚，没有机会督促学生学习。

（4）覆水难收。一个专业的课程是一个完整的体系，低年级的课程是高年级课程的基础。如果低年级的课程没有学好，到了高年级，学生就会完全失去学习的兴趣和能力。教师们会发现高年级的课常常比较难教，一方面是因为高年级的课程本身比较难；另一方面是因为学生不具备相应的基础。

为了克服传统上进行期末考试的弊端，本书配套有一套学习及考试系统，对课程的考试形式进行了较大的改革，把期末考试改变为按章节考试，即学完一章后就进行考试，不必等到学期末再进行考试。以考试系统为基础按章节考试有以下几方面的优势。

（1）克服传统弊端。按章节考试能够最大程度地避免期末考试的弊端。学生要想获得好成绩必须平时就学好，不能等到期末突击复习。教师能够及时发现学生学习中存在的问题，并采取措施进行整改。

（2）维持现有秩序。有了考试系统的支持，出题、考试、改卷都可以由教师在课堂上设置，交给计算机自动完成，无需学校组织考试，不会对学校现有的教学秩序造成冲击。

（3）减轻教师负担。出题和改卷都是考试系统自动完成的，减轻了教师的负担，教师有足够的精力来进一步提高教学质量。

（4）提高自主能力。本学习考试系统包含5000余道题目，涵盖了数据结构与算法的所有知识点。以该系统为基础，学生可以进行自主学习，通过大量练习来提高其学习能力。

（5）采用相对计分。有了考试题库的支持就可以采用相对计分。相对计分的方法如下：在相同的考试时间内，所有同学尽可能多地完成题目。完成最多题目的学生得分为100，其他学生的得分相对于该学生计算。在相对计分的激励下，所有学生在考试的时候都不会松懈，否则其得分会受到很大的影响。此计分方法在很大程度上能够防止考试作弊的情况发生。

本书除了配套有考试系统外，还配套有算法演示软件。该软件能够演示本课程中的常用算法。它可随机生成一个数据系列，并单步演示算法的执行过程。教师能够在演示的过程中讲解算法的执行流程，学生也能够通过算法演示过程理解算法。

本书提供的所有配套资源，包括考试系统、算法演示软件及电子课件等均可登录电子工业出版社的华信教育资源网（www.hxedu.com.cn）注册后免费下载。

本书中的算法采用 C 语言描述，必要的时候辅以自然语言加以说明，方便学生阅读及调试算法。

本书第 1 章和第 8 章由唐名华编写，第 2 章和第 3 章由彭诗力编写，第 4 章和第 5 章由刘秋莲编写，第 6 章和第 7 章由朱海冰编写，第 9 章由韩冬编写。全书由唐名华统稿。

由于编者水平有限，加之时间仓促，书中难免存在缺漏和错误之处，敬请读者不吝指正。

编　者

2015 年 6 月

# 目 录

# 第1章 绪 论

## 1.1 数据结构的基本概念

### 1.1.1 数据结构的研究对象

数据结构学科是随着程序设计技术的发展而逐渐形成和发展的。在开发程序解决实际问题的时候，常常用数据结构来描述问题中的数据元素及其相互间的关系。程序中采用的数据结构与程序的运行效率和处理结果有着非常密切的关系。

例1-1：假设一个班级有100名学生，在计算机房进行实践课的学习时，教师需要发送文件给所有学生。通常解决这个问题有两种方法：发送广播和发送单播。

用广播方式发送的时候，教师机和学生机的关系如图1-1所示。

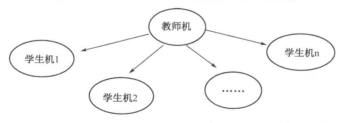

图1-1 广播文件

用广播方式发送文件的时候，教师机发送一次，所有学生都可以收到该文件。其特点是编程容易，发送速度较快。但是，广播发送容易出现丢包的现象，学生收到的文件可能是不完整的文件。教师端必须处理这种情况，这就增加了编程的难度。同时，对丢失的数据包的处理也会降低发送速度。

用单播方式发送的时候，教师机和学生机的关系如图1-2所示。

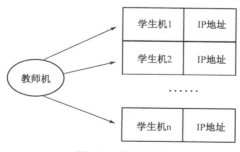

图1-2 单播文件

用单播发送文件的时候，教师机需要知道所有学生机的IP地址，一次只能发送给一个学生，发送结束后，才能继续发送给下一个学生。其特点如下：保证收到，但速度较慢，即单播发送保证每个学生都收到完整的文件，但是由于一次只能发送给一个学生，故速度较慢。

广播方式快速但不准确，单播方式准确但速度较慢。如果需要又快又准地发送文件，可以进行如下改进。

在改进的方式下，教师机和学生机之间的关系如图1-3所示。

教师机和每个学生机都有最多3个下级。教师机以单播的方式只给其3个下级发送文件。学生机收到文件后，也以单播方式依次给自己的3个下级发送文件。不同计算机给自己的下级发送文件可以同时进行。教师机先发送文件给学生机1，然后发送文件给学生机2；与此同时，学生机1可以发送文件给学生机4。当教师机给学生机3发送文件的同时，学生机1向学生机5发送文件，学生机2向学生机7发送文件。

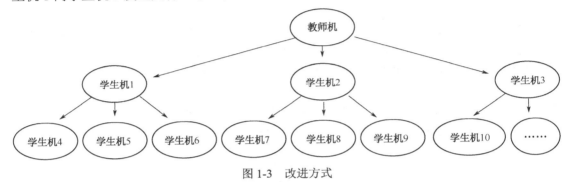

图1-3 改进方式

在改进方式下，由于是通过单播方式发送文件的，因此可以保证每个学生机都收到完整的文件。而且由于多台计算机可以同时向不同的学生机发送文件，大大提高了发送速度。

在上面的例子中，我们分别用一个图来描述待解决的问题，用图的一个顶点来描述教师机和学生机，用顶点之间的连线来描述它们之间的关系。这就是数据结构研究的主要内容，即数据（上例中的教师机和学生机）及数据之间的关系（上例中教师机和学生机之间的关系）。从中可以看出：数据结构描述的是问题中的数据元素及其相互关系；用不同的关系把相同的一组数据元素组织起来可以得到不同的数据结构；基于不同的数据结构可以得到不同的应用程序，其效率有着巨大的差异，这就是研究数据结构的重要意义。

## 1.1.2 数据结构的研究内容

在计算机科学中，数据是一个比较广泛的概念，所有计算机输入、存储、处理和输出的信息都是数据，如字符、数字、图像、声音、视频等。在数据结构与算法中，数据元素是程序进行处理的一个独立的单位。数据元素可以包含若干子项目，称为数据项。在不同的问题领域，数据元素包含的数据项可能有所不同。

如需要考察期末考试后《C语言程序设计》这门课程的成绩分布情况，数据元素可以只包含这门课程学生的分数，只有一个数据项。在图书管理系统中，数据元素是一本书的基本信息，包括书名、作者、出版社、出版时间等若干数据项。

数据结构的研究对象为问题中数据元素及其相互关系。具体来说，数据结构的研究内容包括数据的逻辑结构、数据的存储结构、数据的运算3个方面。

## 1．数据的逻辑结构

数据的逻辑结构是指数据元素之间的逻辑关系。

例如，对一个班的学生信息按照学号从低到高的顺序排列，每个学生的信息包括学号、姓名、性别、年龄、籍贯5项。学生信息表如表1-1所示。

表1-1　学生信息表

| 学号 | 姓名 | 性别 | 年龄 | 籍贯 |
|------|------|------|------|------|
| 20150101 | 王成 | 男 | 18 | 广东 |
| 20150102 | 李静 | 女 | 19 | 山东 |
| 20150103 | 刘华 | 女 | 20 | 河北 |
| 20150104 | 唐朝 | 男 | 18 | 四川 |
| ...... | | | | |

在一个大学的行政划分中，一个大学分为若干系，一个系又分为若干教研室，如图1-4所示，箭头所指的关系为行政单位之间的上下级关系。

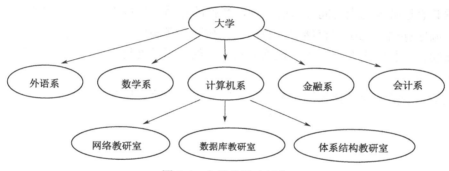

图1-4　大学的行政划分

一个人可以有很多朋友。如果用一条线把具有朋友关系的人连接起来，就可以得到一个朋友关系网，如图1-5所示。

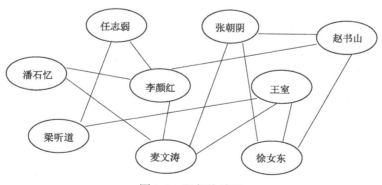

图1-5　朋友关系网

用数据结构表示的数据元素之间的关系，有的是所研究的对象之间客观存在的，如大学行政单位之间的上下级关系、朋友关系等；有的则是为了解决问题人为加上去的，如学生机之间的上下级关系。这种关系并不一定是研究对象之间真实关系的反映，故称之为数据的逻辑结构。

数据元素的逻辑结构可以分为两大类：线性结构和非线性结构。

在线性结构中，数据元素之间存在着一对一的关系。线性结构的特点如下。

（1）有且仅有一个数据元素无前驱，且只有一个后继，称为头元素。

（2）有且仅有一个数据元素无后继，且只有一个前驱，称为尾元素。

（3）其余的数据元素有且仅有一个前驱，有且仅有一个后继。

在非线性结构中，每个数据元素可能与 0 个或多个其他数据元素有关系。非线性结构又可以分为两种：树结构和图形结构。树结构如图 1-3 和图 1-4 所示，数据元素之间存在着一对多的关系。图形结构如图 1-5 所示，数据元素之间存在着多对多的关系。

**2．数据的存储结构**

数据的存储结构是指数据元素及数据元素的关系在计算机中的存储（或表示），也叫做数据的物理结构。在数据的存储结构中，不仅要把数据元素存储起来，还要把数据元素之间的关系表达出来。

根据其表达数据元素之间关系的不同，数据的存储结构可以分为以下 4 种。

（1）顺序存储。在顺序存储中，数据元素按照其逻辑结构规定的逻辑顺序，依次存储在一组连续、等长的内存单元中。数据元素之间的关系是通过存储单元的物理地址的前后顺序来表达的。

学生信息表的顺序存储如图 1-6 所示。学号相邻的学生其存储地址也相邻。

| 1 | 20150101王成　男18广东 |
|---|---|
| 2 | 20150102李静　女19山东 |
| 3 | 20150103刘华　女20河北 |
| 4 | 20150104唐朝　男18四川 |
| ... | ...... |

图 1-6　学生信息表的顺序存储

（2）链式存储。在链式存储中，数据元素存储在任意的内存单元（可以相邻，也可以不相邻）中。数据元素之间的关系是通过指示数据元素存储地址的指针来表达的。

学生信息表的链式存储如图 1-7 所示。学号相邻的学生的存储地址不相邻，学生的逻辑关系是通过一个指示后继学生地址的指针项表达的。例如，王成的后继为李静，李静的存储地址为 1，故王成的指针项为 1，其余以此类推。

| 1 | 20150102李静　女19山东 | 4 |
|---|---|---|
| 2 | 20150104唐朝　男18四川 | ^ |
| 3 | 20150101王成　男18广东 | 1 |
| 4 | 20150103刘华　女20河北 | 2 |
| ... | ...... | ... |

H →（指向 3）

图 1-7　学生信息表的链式存储

（3）散列存储。在散列存储中，数据元素的存储位置由数据元素的值确定。数据元素之间的关系通过指针表达。

（4）索引存储。在索引存储中，需要建立索引表和子表。数据元素存储在子表中，索引表存储子表的首地址及相关信息。根据需要，索引表和子表都可以采用顺序存储或者链式存储。

散列存储和索引存储将结合查找算法进行讨论。

### 3. 数据的运算

数据的运算是指广义上的运算，不同的数据结构往往具有不同的运算。一般来说，常见的运算包含以下几种。

（1）查找：查找满足给定条件的数据元素。如在学生信息表中查找学号为 20150103 的学生信息。

（2）插入：在指定的位置加入新的数据元素。如在学生信息表的最后插入一个新学生信息。

（3）删除：删除满足给定条件的数据元素。如在学生信息表中删除学号为 20150102 的学生信息。

（4）修改：修改其中的某些数据元素。如在学生信息表中把学号为 20150102 的学生的年龄修改为 20。

（5）遍历：不重复地访问所有的数据元素。

（6）排序：按照给定的顺序输出所有的数据元素。如按照年龄从小到大的顺序输出学生信息表中的所有学生信息。

对于同一种运算，在不同的数据结构中有着不同的实现方法，且效率也有较大的差异。如在顺序存储的线性结构中实现查找运算效率较高，但是实现插入和删除运算效率较低；而在链式存储的线性结构中实现查找运算效率较低，但是实现插入和删除运算效率较高。

## 1.1.3　数据结构的表示方法

数据结构的表示方法有两种：二元组和图形。

在数据结构的二元组表示方法中，将数据结构形式定义为一个二元组（D，R），D 是数据元素的有限集合，R 是 D 上关系的有限集合。其中关系的表示方法如下：如 x、y 是 D 中的两个数据元素，用有序对<x，y>表示数据元素 x 和 y 之间的关系，x 是有序对<x，y>的第一个元素，y 是有序对<x，y>的第二个元素。

在学生信息表中，如果用 d1、d2、d3 和 d4 分别表示学号为 20150101、20150102、20150103 和 20150104 的 4 位学生，则学生信息表的二元组表示为<D，R>，其中 D={d1，d2，d3，d4}，R={<d1，d2>，<d2，d3>，<d3，d4>}。

数据结构的二元组表示不是很直观。用图形表示数据结构是一种较直观的方法。在数据结构的图形表示中，用中间标有数据元素值的圆圈表示集合 D 中的元素，用带箭头的连线表示关系 R 中的有序对，箭头从有序对的第一个元素指向第二个元素。

学生信息表的图形表示如图 1-8 所示。

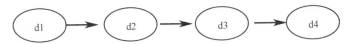

图 1-8  学生信息表的图形表示

假设有数据结构 K=（D，R），其中，D={a, b, c, d, e, f, g}，R={<a, b>, <a, c>, <b, d>, <b, e>, <c, f>, <c, g>}，则它的图形表示如图 1-9 所示。

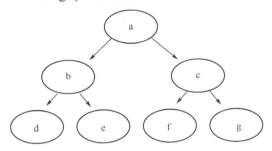

图 1-9  数据结构 K 的图形表示

用图形表示数据结构比较形象、直观，方便讨论问题，故常常被人们使用。

## 1.2  算法与算法分析

### 1.2.1  算法的概念

计算机算法是指解题步骤的精确描述。通过编写计算机程序，计算机算法最终要到计算机中运行，所以，一个计算机算法应当具有以下 5 个特征。

1）有穷性

一个算法应当在执行有限步之后结束，不能出现无穷循环。

2）确定性

算法中的每一个步骤必须具有确切的含义，不能使用会导致歧义的描述。同时，算法的执行路径也应当是确切的，相同的输入一定会得到相同的输出。

3）可行性

算法中的每一个操作步骤都能够通过执行有限次已经实现的基本操作来实现。

4）输入

算法具有零个或多个输入。输入可以由用户提供，也可以在算法中产生。

5）输出

算法必须具有一个或多个输出。算法的运行结果应当输出给用户。

### 1.2.2  算法的描述方法

一个算法可以用自然语言、流程图、N-S 图和程序设计语言等方式来描述。用自然语言描述算法比较简单，人们不需要重新学习一门新的算法描述语言。但是，自然语言具有较大的歧义性，给人们交流算法和编写程序带来较大的困难。流程图和 N-S 图具有较规范的控制结构，能够准确描述算法。但是在计算机中画流程图和 N-S 图的工作量较大，而且一旦确定就很难修改和扩充，效率比较低。程序设计语言具有规范的流程控制结构和较强的表达能力，可以准确地描述算法。用程序设计语言描述的算法也有利于编写程序。

本书选用功能丰富、使用灵活、应用广泛、表达能力强的 C 语言作为算法描述工具。为了节省宝贵的篇幅，本书会省略一些编译预处理命令，必要时会用一些自然语言作为辅助。

### 1.2.3 算法分析

对于同一个问题，常常能够设计出多种不同的算法。虽然这些算法都能够解决针对的问题，但是不同的算法常常具有较大的差别。有的算法可读性较强，有的则不然；有的算法效率较高，有的则较低。因此，有必要对算法进行分析和评价，以选出较好的算法。通常，可以从以下几个方面对算法进行评价。

1）正确性

正确性是指对给定的一组合法输入，算法能够在有限的时间内得出预计的结果。在实际工作中，常常用测试的方法来验证算法是否满足正确性的要求。精心设计若干测试用例来运行算法，以检验算法的正确性。

2）可读性

可读性较高的算法是易于阅读和理解的，方便人们交流，同时减少了扩充和修改的工作量。

3）健壮性

一个健壮的算法能够对输入数据的合法性进行检查。当有非法的输入数据时，能够进行适当的处理并通知用户，不会产生一些莫名奇妙的输出数据。

4）效率

算法的效率包括时间效率和空间效率，分别称为算法的时间复杂度和空间复杂度。算法的时间复杂度越低，其运行的时间就越短。算法的空间复杂度越低，其需要的存储空间就越少。

算法的时间复杂度是指随着问题规模的增加，算法的执行时间增加的速度。算法的时间复杂度为 O（f（n）），算法的执行时间的增加速度和函数 f（n）的数量级相同，其中 n 指问题的规模。

一个算法的时间复杂度为 O（1），是指它的执行时间不随问题规模的增加而增加。这是最理想的情况。

一个算法的时间复杂度为 O（logn），是指它的执行时间随问题规模的增加而以对数阶增加。这样的算法称为对数时间复杂度的算法，是性能优良的算法。

一个算法的时间复杂度为 O（n），是指它的执行时间随问题规模的增加而线性增加。这样的算法称为线性时间复杂度的算法，也是性能优良的算法。

一个算法的时间复杂度为 O（nlogn），是指它的执行时间随问题规模的增加而以 nlogn 增加。这样的算法是性能较好的算法。

一个算法的时间复杂度为 O（$n^k$）（k>1），它的执行时间随问题规模的增加而以多项式速度增加。这样的算法称为多项式时间复杂度的算法，要尽力降低其复杂度。

一个算法的时间复杂度为 O（$2^n$）或者 O（n!），它的执行时间随问题规模的增加而以指数速度增加。这样的算法称为指数时间复杂度的算法，要避免设计这样的算法。

在分析算法的时间复杂度的时候，常以算法中重复执行的操作次数来分析。重复执行的操作次数称为该操作的语句频度。

例如，有程序段：

```
for(i=1;i<=n;i++)
    for(j=1;j<=n;j++)
        a[i][j]=i+j;
```

其中，语句 a[i][j]=i+j;要执行 $n^2$ 次，故该程序段的时间复杂度为 O（$n^2$）。

又如，有程序段：

```
for(i=1;i<=n;i++)
    for(j=1;j<=i;j++)
        a[i][j]=i+j;
```

其中，语句 a[i][j]=i+j;要执行 n（n+1）/2 次，该程序段的时间复杂度也为 O（$n^2$）。

再如，有程序段：

```
i=1;
while(i<=n)
    i=i*2;
```

其中，语句 i=i*2;要执行 $\log_2 n$ 次，故该程序段的时间复杂度为 O（$\log_2 n$）。

算法的空间复杂度是指随着问题规模的增加，算法需要的辅助内存空间增加的速度。与算法的时间复杂度类似，算法的空间复杂度也用记号 O 表示。如果一个算法所需要的辅助内存空间不随问题规模的增加而增加，则称该算法是原地工作的。

一个算法的时间复杂度和空间复杂度可能会相互影响。增加算法的空间开销就能够降低其运行时间，反之，为了节约空间必须延长其运行时间。在实际设计算法的时候，需要在二者之间进行权衡，找到一个平衡点，把时间和空间复杂度控制在可接受的范围内。

## 1.2.4　常用算法设计方法

经过长时间的摸索，针对不同类型的问题，人们总结了一些常用的算法设计方法。熟练掌握这些方法，可以加快算法设计进程。

1）穷举法

当一个问题的解空间中解的数量不多，且随着问题规模增长而缓慢增加时，可以采用穷举法，将所有可能的解全部列出，然后选择其中较优的解。当解空间中解的数量较多时，采用穷举法会花费大量的时间，甚至不能完全列出其全部解。

2）分治法

如果一个问题可以分解成若干子问题，且子问题与原问题结构相似，仅规模变小，则可以采用分治法求解该问题。

分治法求解常包含 3 个步骤：划分、求解、合并。在第一步中先将原问题划分为两个或多个较小的问题；然后在第二步中分别求解这些小问题；最后将小问题的解合并成原问题的解。这个过程常需要递归进行，直到划分的问题足够小，即可直接求解。

3）回溯法

当一个问题的解由若干组成部分构成，且可以其中一部分为起点，逐步扩展组成部分直到找到原问题的全部解时，可以用回溯法来求解原问题。

回溯法从任意一个起点出发，沿着一个方向前进，逐步扩大原问题的部分解，若该部分解有效则继续沿着该方向前进；若该部分解无效，则需要回退一步，从上一部分解沿着另一个方向前进，直到找到一个可行解。

4）贪心法

贪心法适合解决的问题是该问题可以分解为一系列较简单的小问题，这些小问题是逐个扩展的，后一个问题包含了前一个问题，前一个问题的解包含在后一个问题的解中。根据当前的信息，能够确定每个小问题的最优解。当小问题扩展至原问题时，求解过程结束。

虽然每一步都能够得到每个小问题的最优解，但是最后不一定能够得到原问题的最优解。

5）动态规划法

如果一个问题可以分解成若干子问题，且子问题与子问题之间不是完全独立的，则这种问题适合用动态规划法求解。动态规划法与分治法有相似的地方，但又不同。动态规划法求解的问题被分成若干子问题之后，子问题之间有重叠的部分。这时，如果用分治法求解，则会造成很多重复计算。用动态规划法求解可以避免重复计算，提高效率。

## 1.3 数据结构和算法的学习与考试软件

为了方便教学，进一步提高教学质量，本书配套有一套学习、考试软件。该软件系统中收集了超过 5000 道数据结构与算法相关的练习题，作为学习和考试的基础。题目按知识点分为绪论、线性表、栈和队列、字符串、数组和广义表、树和二叉树、图、查找和排序。按难度等级分为小学、中学、大学。按题型分为选择题、填空题、判断题、程序填空题、写程序结果题、算法设计题、课程设计题。

该软件包含服务器端、教师端、学生端和手机端。教师端和学生端为本书配套软件，免费使用。手机端可以通过计算机和安装 Android 系统的手机或者平板电脑使用。本软件的主要功能包括章节考试、自由练习、演示算法、文件收发及一些控制功能。下面分别介绍教师端和学生端。

### 1.3.1 教师端

教师端的主界面如图 1-10 所示。教师端的主要功能如下。

（1）创建班级。

（2）自由练习。

操作演示视频

（3）开始考试。

（4）广播文件。

（5）接收文件。

（6）演示算法。

图 1-10　教师端主界面

单击"创建班级"按钮后，弹出如图 1-11 所示的"创建班级"对话框，教师可在该对话框中创建班级。在该对话框中，在"班级"文本框中输入班级的名称；在"课程"、"章节"和"难度等级"下拉列表框中选择练习的内容。在"使用类型"下拉列表框中选择类型。本系统要求学生上课时只能使用规定的软件，系统每两分钟检查一次学生端正在使用的软件。如果学生端没有使用指定的软件，则记录学生违规一次。一个学生连续违规的次数达到一个上限时，将控制学生的计算机一分钟，禁止操作。"惩罚违规次数"就用于指定该上限，可以选择的值是 1～10，默认为 3 次。教师也可以在"允许使用的程序，分号分隔"文本框中指定允许学生使用的程序名。在"考试时间（分钟）"文本框中输入考试时间，默认为 20 分钟。

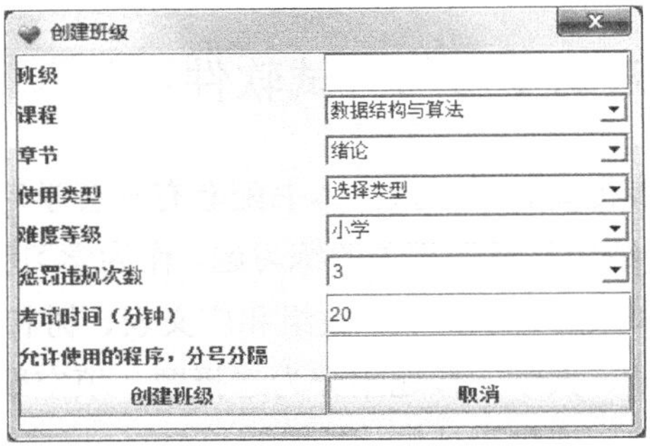

图 1-11　"创建班级"对话框

创建班级后教师端才能使用"自由练习"、"开始考试"及"广播文件" 3 个按钮。

如果是练习时间，教师可单击"自由练习"按钮把题目发送到学生端，学生端收到题目后可以自由练习。如果是考试时间，教师可单击"开始考试"按钮把题目发送到学生端，学生端收到题目后可以开始考试。同时，教师端显示考试时间倒计时。当考试时间结束后，学生可以交卷。当所有学生都交卷后，"开始评分"按钮即可启用。教师单击该按钮即可启动评分功能。

本软件评分时，采用相对分的方法。具体如下：回答题目最多的学生得分为 100，其余学生的分数为相对于最多学生的分数。如最多的学生回答了 10 道题，得分 100，则回答了 7 道题的学生得 70 分，回答 5 道题的学生得 50 分，其余以此类推。采用相对计分的好处在于能够激发学生的积极性并能够最大程度地防范作弊。因为任何人都不知道自己能得多少分，所以只有拼命往前赶，自然也就不敢停下来帮其他人的忙，因此可以防止作弊的情况发生，极大地减轻了教师监考的压力。

教师端的第二个功能是向学生端发送文件，教师单击"广播文件"按钮后弹出如图 1-12 所示的对话框。在该对话框中，教师可以设置需要发送的文件，单击"发送"按钮即可将文件发送给学生。

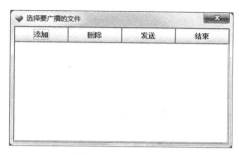

图 1-12　广播文件

教室中的计算机通常会安装保护系统。学生端接收到教师端发送的文件后，如果重新启动了计算机，那么学生端保存的文件会丢失。因此，如果有学生收到文件后重新启动了计算机，则教师端自动将文件重复发送一次到重新启动后的学生端。

教师端还有接收学生文件的功能。单击"接收文件"按钮后弹出如图 1-13 所示的对话框。教师需要设置文件保存路径，以及学生上传文件的命名方式。本系统规定，学生上传的文件命名方式如下：第一部分_学号_姓名.扩展名。教师端设置第一部分的内容、学号的长度及扩展名。教师单击"开始接收"按钮后将把文件命名方式通知学生端并等待学生上传文件。这时，学生才能发送文件到教师端，学生端将对学生选择的文件名进行检查，如不满足命名方式，则提示学生修改。教师端把学生上传的文件保存在指定的目录中。

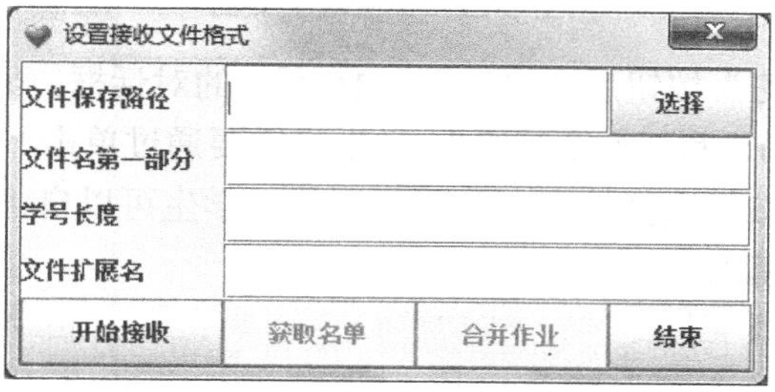

图 1-13　接收文件

本软件还具有算法演示的功能，其界面如图 1-14 所示。教师端和学生端都具有相同的算法演示功能。在"选择算法"下拉列表框中选择需要演示的算法。在"序列长度或顶点数"下拉列表框中选择一个数字，如果是图相关的算法，则该数字表示图的顶点数，否则表示一个序列长度。如果演示图相关的算法，则应根据需要，分别在"无向稀疏图"和"源点"下拉列表框中选择图的类型和源点。单击"初始序列"按钮生成一个初始序列。如果演示的算法是图相关的算法，则该初始序列表示图的邻接矩阵，否则表示一个初始的数字序列。根据需要，可以对该序列中的数字做出修改。单击"下一趟"按钮会以修改后的数字序列为基础，逐步演示算法的执行过程。

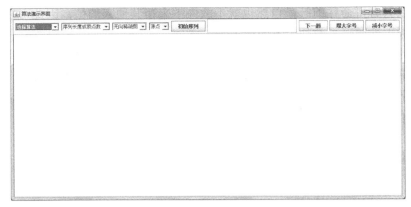

图 1-14　算法演示界面

## 1.3.2　学生端

操作演示视频

学生通过学生端使用题库，学生端主界面如图 1-15 所示。学生有两种方式使用题库：在上课期间，教师端创建班级后，练习的范围由教师设定；课后，学生自由选择练习范围。

图 1-15　学生端主界面

学生单击"自由练习"按钮后弹出如图 1-16 所示的对话框。如果是上课期间，教师已经设置了"课程"、"章节"和"难度等级"，学生只需要通过单击"下一题"按钮选择题目，通过单击"参考答案"按钮选择答案。如果是课后，学生可以自由选择"课程"、"章节"和"难度等级"来设定练习内容。

图 1-16　自由练习

上课期间，当教师创建班级并设置开始考试后，学生单击"开始考试"按钮后，弹出如图 1-17 所示的对话框。在该对话框中输入学生的学号和姓名，单击"登录"按钮登录系统。

图 1-17　"登录"对话框

学生单击"登录"按钮后，弹出如图 1-18 所示的对话框。该对话框中显示了考试剩余时间、题目、答案输入框和两个按钮。填空题的答案输入到文本输入框中，选择题的答案通过 A、B、C、D 4 个复选框选中，判断题的答案通过 T、F 两个单选按钮选中。完成一道题后，学生单击"下一题"按钮时，将保存当前题目的答案并生成下一道题目。当考试时间结束后，学生单击"交卷"按钮提交试卷。交卷后，学生所完成的题目和答案显示在该对话框中供学生核对。

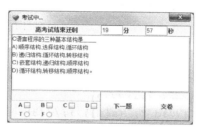

图 1-18　考试中

当教师设置文件命名格式并通知提交作业后，学生可以单击学生端的"提交作业"按钮上传文件。如果学生端的文件名不符合教师设置的命名格式，则会弹出如图 1-19 所示的提示对话框，提示文件命名格式错误，需修改。

图 1-19　文件名错误提示对话框

# 习　　题

1.1　有如下程序段：

```
    int isPrime( int n )
{
    int i=1;
    int x=(int)sqrt(n);
    while(++i<=x)
        if(n%i==0)
            break;
    if(i>x)
```

```
        return 1;
    else
        return 0;
}
```

（1）该算法的功能是什么？

（2）它的时间复杂度是多少？

1.2　编写算法，求一元多项式 $Pn(x)=a_0+a_1x+a_2x^2+a_3x^3+...+a_nx^n$ 的值 $Pn(x_0)$，并确定算法的时间复杂度，要求时间复杂度尽可能小，算法中不能使用幂函数。

1.3　分析下面程序段中循环语句的执行次数。

```
i=0; s=0; n=100;
do
{
    i = i+1;
    s = s+10*i;
}
while((i<n) && (s<n));
```

1.4　写出下面算法中带标号语句的频度。

```
void fun( int a, int k, int n )
{
int  x;
    int i;
if( k==n )//(1)
    {
        for(i=1; i<=n; i++)//(2)
            printf( "%d ", (a[i]) );//(3)
    }
    else
    {
        for(i=k; i<=n; i++)//(4)
            a[i]=a[i]+i*i;//(5)
        fun (a, k+1, n);//(6)
    }
}
```

这里假设 k 的初值等于 1。

1.5　试给出下面两个算法的运算时间。

```
for( i = 1; i <= n; i++ )
    x = x+1;

for( i = 1; i <= n; i++ )
    for( j = 1; j <= n; j++ )
        x = x+1;
```

1.6　设 n 是偶数，试写出运行下列程序段后 m 的值并给出该程序段的时间复杂度。

```
int m=0, i, j;
for( i = 1; i <= n; i++ )
  for( j = 2*i; j <= n; j++ )
    m = m+1;
```

# 第2章 线 性 表

在日常生活中，人们经常需要填写各种登记表。在开发程序的时候，常常用线性表来实现登记表。线性表是最常见、最简单的一种线性数据结构。在存储线性表时，如果采用顺序存储方式，则称之为线性表的顺序存储结构，简称为顺序表；如果采用链式存储方式，则称之为线性表的链式存储结构，简称为链表。本章介绍线性表的逻辑结构及其两种存储结构：顺序表和链表。

## 2.1 线性表的逻辑结构

### 2.1.1 线性表的引出

在日常生活中，填写各种各样的登记表是人们常常需要处理的事务。从数据结构的角度来看，这些登记表就是典型的线性表。

例 2-1：小朋友满 3 岁就要去幼儿园上学。在小朋友上幼儿园之前，需要填写一个登记表，其中有小朋友和家长的各种信息，方便园方与家长联系。幼儿园入托登记表的样例如表 2-1 所示。

表 2-1　幼儿园入托登记表

| 姓名 | 性别 | 出生日期 | 家庭住址 | 监护人姓名 | 监护人电话 |
|------|------|----------|----------|------------|------------|
| 江婷婷 | 男 | 2012/03/20 | 大学城 | 江山 | 135… |
| 梁丹丹 | 女 | 2012/05/13 | 官渡路 | 梁柏 | 136… |
| …… | …… | … | …… | …… | …… |

例 2-2：毕业设计是大学学习的一个重要环节。在安排毕业设计的时候，需要指导教师先拟出题目，供学生选择。为此，需要指导教师填写毕业设计拟题登记表，如表 2-2 所示。

表 2-2　毕业设计拟题登记表

| 题目序号 | 教师姓名 | 题目来源 | 题目 | 要求 | 成果形式 |
|----------|----------|----------|------|------|----------|
| 1 | 何晓林 | 教师科研 | 片上网络演示系统 | 熟练掌握 Java 语言 | 软件 |
| 2 | 李东 | 生产实际 | 图书管理系统 | 熟悉 C++ 语言 | 软件 |
| … | …… | …… | …… | …… | …… |

像这两个例子一样，在社会生活中，人们经常需要用登记表来记录各种数据及数据之间的联系。在不同的情况下，登记表的形式和内容会有所不同。但是，从登记表反映的数据之间的关系来看，它们有以下共同点。

（1）每一行的数据代表一个特定意义的整体，称为表的一个数据元素或者记录。所有的数据元素是具有相同类型和数目的数据项。例如，表 2-1 中的一行代表一个小朋友的相关信息，每个小朋友的信息项的类型和个数是一样的，具体数字各有不同。表 2-2 中的一行代表一个毕业论文题目的相关信息，所有题目的信息项的类型和个数是相同的，具体内容各有不同。

（2）表中的各行数据元素的顺序由数据元素之间的逻辑关系决定。数据元素之间的逻辑关系同时也决定了数据元素在表中的位置。对于不同的表，其中的数据元素有不同的逻辑关系，表 2-1 中数据元素的逻辑关系为小朋友登记的先后顺序，先登记的在前，后登记的在后。表 2-2 中数据元素的逻辑关系为题目的编号顺序，序号小的在前，序号大的在后。

（3）表中的数据元素，除了第一行外，每一个数据元素有且仅有一个在它的前面且与它相邻的数据元素，称为它的前驱。除最后一行外，每一个数据元素有且仅有一个在它的后面且与它相邻的数据元素，称为它的后继。

从以上对表格特性的分析可以很自然地引出线性表的定义。

## 2.1.2 线性表的逻辑结构

线性表是 n（n≥0）个具有相同特性的数据元素的有限序列，其中 n 表示线性表中数据元素的个数，称为线性表的长度。n 等于 0 时，线性表为空表。

如果用二元组来描述，则线性表可以描述为（D，R）。

其中，$D=\{a_1, a_2, \cdots, a_n\}$，$R=\{<a_1, a_2>, <a_2, a_3>, \cdots, <a_{n-1}, a_n>\}$，因此，线性表可以简单表示为（$a_1, a_2, \cdots, a_n$）。

如果用图来描述，则线性表可以描述为图 2-1。

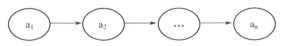

图 2-1 线性表的逻辑结构图

线性表中的所有数据元素具有相同的性质，它可以是一个简单的数据，如整数、实数、字符等，如（0，1，2，3，4，5，6，7，8，9）是一个线性表；也可以是一个包含多个数据项的复合数据，如表 2-1 中一个小朋友的信息和表 2-2 中一个毕业论文题目的信息。

线性表的逻辑结构具有以下特性。

（1）除第一个元素 $a_1$ 外，每一个数据元素都有且仅有一个前驱。

（2）除最后一个元素 $a_n$ 外，每一个数据元素都有且仅有一个后继。

（3）数据元素之间是有序的，数据元素 $a_i$ 的序号决定了它在表中的位置。

## 2.1.3 线性表的运算

对线性表可以进行种类繁多的运算，不同的应用场合可能需要不同的运算。一般而言，对线性表可以进行以下运算。

（1）初始化线性表。

（2）建立线性表。

（3）清空线性表。

（4）输出线性表的所有元素。

（5）求线性表的长度。

（6）判断线性表是否为空。

（7）按照给定条件，查找数据元素。

（8）读取线性表中的第 i 个元素。

（9）在线性表第 i 个位置之前插入一个新的数据元素。

（10）在指定数据元素之前插入一个新的数据元素。

（11）删除线性表中第 i 个数据元素。

（12）删除线性表中指定的数据元素。

（13）查找线性表中第 i 个元素的前驱。

（14）查找线性表中指定元素的前驱。

（15）查找线性表中第 i 个元素的后继。

（16）查找线性表中指定元素的后继。

（17）将两个线性表合并成一个线性表。

（18）将一个线性表拆分成两个或多个线性表。

这只是线性表可以进行的部分运算，并不是所有的线性表都要实现这里列出的所有运算。在实际应用中应根据需要实现与所要解决的问题相关的运算。

在存储线性表的时候可以采用顺序存储和链式存储，下面分别介绍线性表的两种存储结构。

## 2.2 线性表的顺序存储结构——顺序表

### 2.2.1 顺序表的概念

在顺序存储方式下，线性表中的数据元素按照逻辑顺序依次存储在一组连续的存储单元中。用顺序存储结构存储的线性表简称为顺序表。

线性表（$a_1$，$a_2$，…，$a_n$）的顺序存储结构如图 2-2 所示。顺序表具有如下特点。

（1）表中的数据元素存放在一组连续的存储空间中。

（2）数据元素在存储空间中的顺序与它们的逻辑顺序相同。

（3）根据数据元素的编号能够计算出它的存储地址。假设第一个元素的地址为 $ADR(a_1)$，且每个数据元素占 S 个字节，则第 i 个数据元素 $a_i$ 的地址为

$$ADR(a_i) = ADR(a_1) + (i-1) * S$$

| 元素序号 | 数据元素 | 存储地址 |
|---|---|---|
| 1 | $a_1$ | $ADR(a_1)$ |
| 2 | $a_2$ | $ADR(a_2)$ |
| … | … | … |
| i | $a_i$ | $ADR(a_i)$ |
| … | … | … |
| n | $a_n$ | $ADR(a_n)$ |

图 2-2　线性表的顺序存储结构

在 C 语言中，一维数组占据的是一组连续的存储空间。因此，可以用一维数组来存储线性表。在 C 语言中，一维数组的存储空间可以动态分配，也可静态分配。无论是动态分

配还是静态分配，一旦存储的数据元素超过了数组的大小，就会出现"溢出"的错误。当发生"溢出"时，如果数组是动态分配的，则可以重新分配一个更大的数组来解决。反之，如果数组是静态分配的，则会出现错误导致程序失败。

虽然动态分配可以解决"溢出"的问题，但是频繁地重新分配空间也会降低程序的性能。如果在开发程序的时候能够估计出线性表的最大规模，则可以静态分配一个较大的数组来存放线性表，这样就能够避免频繁分配内存而导致的性能下降。本书使用静态分配数组来存储线性表。

顺序表的结构体类型定义如下。

```
typedef int DataType;//线性表的数据类型，本节以整型为例
#define MaxSize 2000 //2000为预估的线性表的最大长度，表示最多能存放的元素个数
typedef struct{
DataType list[MaxSize]; //DataType为线性表中数据元素的类型
int len; //顺序表的长度，即已经存放的元素个数
}SeqList;
```

本书在此结构的基础上讨论顺序表的常用运算的实现方法。

## 2.2.2　顺序表的运算

本小节介绍顺序表的一些常见算法的实现方法，并详细介绍插入和删除操作的算法分析过程。

1）顺序表初始化

由于数组是静态分配的，故不需要专门为其分配空间，仅需指明其长度为0。

```
void initList( SeqList *L )
{L->len = 0;
}
```

2）建立顺序表

逐个输入数据元素并建立顺序表。

```
void createList( SeqList *L )
{
        int i = 0;
        printf( "输入线性表长度:\n" );
        scanf( "%d", &L->len );
        printf( "输入线性表的元素:\n" );
        for( i = 0; i < L->len; i++ )
        {
                int t;
                scanf( "%d", &t );
                L->list[i] = t;
        }
}
```

3）清空顺序表

只需将顺序表的长度置为0即可。

```
void clearList( SeqList *L )
{
        L->len = 0;
}
```

4）输出顺序表的所有数据元素

```c
void outputList( SeqList *L )
{
    int i;
    for( i = 0; i < L->len; i++ )
        printf( "%d ", L->list[i] );
}
```

5）求顺序表的长度

返回顺序表的长度。

```c
int getLength( SeqList *L )
{
    return L->len;
}
```

6）判断顺序表是否为空

判断顺序表是否为空，为空则返回 1，否则返回 0。

```c
int isEmpty( SeqList *L )
{
    return (L->len == 0);
}
```

7）读取顺序表中第 i 个元素

首先检查 i 是否超出了范围，若是，则输出错误信息并停止执行，否则返回顺序表中的第 i 个元素。

```c
int getElem( SeqList *L, int i )
{
    if( i < 0 || i >= L->len )
    {
        printf( "error\n" );
        exit(1);
    }
    return L->list[i];
}
```

8）在顺序表中查找指定关键字的数据元素

在顺序表中查找第一个值为 elem 的数据元素。若找到，则返回其下标，否则返回-1。

```c
int searchList( SeqList *L, DataType elem )
{
    int i;
    for( i = 0; i < L->len; i++ )
        if( elem == L->list[i] )
            return i;
    return -1;
}
```

9）在顺序表中第 i 个位置之前插入一个新的数据元素

在顺序表的第 i 个位置插入一个新元素 elem。设插入前的顺序表为（$a_0$, $a_1$, …, $a_{i-1}$, $a_i$, $a_{i+1}$, …, $a_{n-1}$），长度为 n。插入后的顺序表为（$a_0$, $a_1$, …, $a_{i-1}$, elem, $a_i$, $a_{i+1}$, …, $a_{n-1}$），长度为 n+1。实现插入操作时，队首元素保持不动，顺序表向后增长。插入时，从 $a_0$ 到 $a_{i-1}$ 之间的元素不变，从 $a_i$ 到 $a_{n-1}$ 之间的元素均需向后移动一个位置。插入数据元素前后顺序表中的元素及数据元素移动的情况如图 2-3 所示。

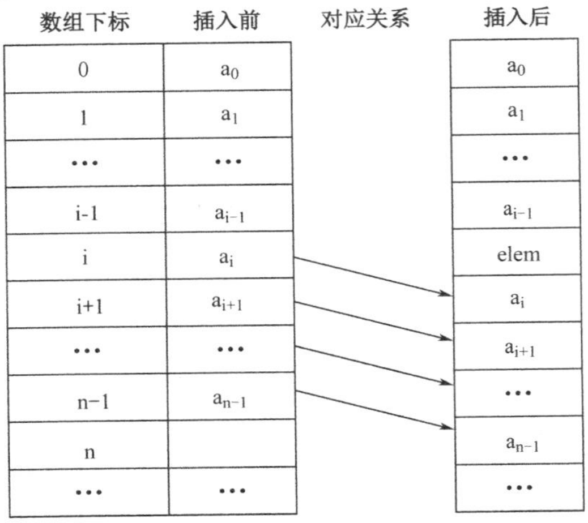

| 数组下标 | 插入前 | 对应关系 | 插入后 |
|---|---|---|---|
| 0 | $a_0$ | | $a_0$ |
| 1 | $a_1$ | | $a_1$ |
| ... | ... | | ... |
| i-1 | $a_{i-1}$ | | $a_{i-1}$ |
| i | $a_i$ | | elem |
| i+1 | $a_{i+1}$ | | $a_i$ |
| ... | ... | | $a_{i+1}$ |
| n-1 | $a_{n-1}$ | | ... |
| n | | | $a_{n-1}$ |
| ... | ... | | ... |

图2-3 插入数据元素后前后顺序表中元素的对应关系

插入操作的算法描述如下：在移动数据元素之前，先检查表空间和插入位置；如顺序表的存储空间已满，则不能插入；如果插入位置不合理，则做出调整；移动数据元素时，按照从 n-1 到 i 的顺序依次移动；插入后要使表长加 1。

```
void insertList( SeqList *L, int i, DataType elem )
{
    int k;
    if( L->len == MaxSize )              //检查表空间是否已满
    {   printf( "Overflow\n" );
        exit(1);
    }
    if( i < 0 )                          //调整不合理的插入位置
        i = 0;
    else if( i > L->len - 1 )
        i = L->len;
    for( k = L->len-1; k>=i; k-- )       //移动数据元素
        L->list[k+1] = L->list[k];
    L->list[i] = elem;                   //插入数据元素
    L->len++;                            //表长加1
}
```

下面分析插入操作的效率，即时间复杂度和空间复杂度。

（1）时间复杂度：从插入操作算法过程来看，插入算法的主要操作是移动数据元素，移动数据元素的次数决定了算法的时间复杂度。

假设顺序表的长度为 n，可以插入数据元素的位置为 0~n，共 n+1 个位置。在第 i（0≤i≤n）个位置插入数据元素时，移动数据元素的次数为 n-i。

设在表中第 i（0≤i≤n）个位置插入数据元素的概率为 $p_i$，则插入一个数据元素的平均移动次数为

$$t=\sum_{i=0}^{n}p_i\times(n-i)$$

如果在表中各个位置插入数据元素的概率相等，即 $p_i=\dfrac{1}{n+1}$，则

$$t=\sum_{i=0}^{n}p_i\times(n-i)=\frac{1}{n+1}\sum_{i=0}^{n}(n-i)=\frac{n}{2}$$

故在平均情况下，插入一个数据元素的时间复杂度为 O（n）。

（2）空间复杂度：在插入操作的算法中，不需要辅助的存储单元。因此插入操作的空间复杂度为 O（1）。

10）删除线性表中第 i 个数据元素

删除顺序表中第 i 个位置的数据元素：设删除前的顺序表为（$a_0$，$a_1$，…，$a_{i-1}$，$a_i$，$a_{i+1}$，…，$a_{n-1}$），长度为 n。删除后的顺序表为（$a_0$，$a_1$，…，$a_{i-1}$，$a_{i+1}$，…，$a_{n-1}$），长度为 n-1。实现删除操作时，队首元素保持不动，顺序表向前缩短。删除时，从 $a_0$ 到 $a_{i-1}$ 之间的元素不变，从 $a_{i+1}$ 到 $a_{n-1}$ 之间的元素均需向前移动一个位置。删除数据元素前后顺序表中元素及数据元素移动的情况如图 2-4 所示。

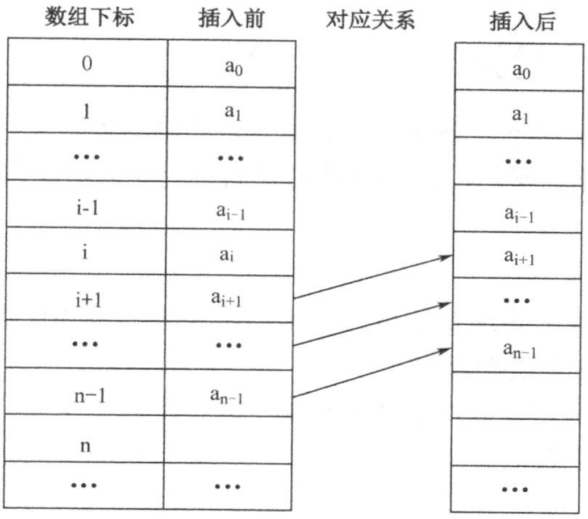

| 数组下标 | 插入前 | 对应关系 | 插入后 |
|---|---|---|---|
| 0 | $a_0$ | | $a_0$ |
| 1 | $a_1$ | | $a_1$ |
| … | … | | … |
| i-1 | $a_{i-1}$ | | $a_{i-1}$ |
| i | $a_i$ | | $a_{i+1}$ |
| i+1 | $a_{i+1}$ | | … |
| … | … | | $a_{n-1}$ |
| n-1 | $a_{n-1}$ | | |
| n | | | |
| … | … | | … |

图 2-4  删除数据元素后前后顺序表中元素的对应关系

删除操作的算法描述如下：在移动数据元素之前，先检查表空间和插入位置；如果顺序表的长度为 0，则不能删除；如果插入位置不在表长范围内，则不能删除；移动数据元素时，按 i+1 到 n-1 的顺序依次移动；删除后要使表长减 1。

```
void delList( SeqList *L, int i )
{
    int k;
    if( L->len == 0 )                          //检查表的长度是否为0
    {
        printf( "Empty list\n" );
        exit(1);
    }
    if( i < 0 || i > L->len - 1 )              //检查删除位置是否在表长范围内
    {
        printf( "Error position\n" );
        exit(1);
    }
    for( k = i; k < L->len-1; k++)             //移动数据元素
        L->list[k] = L->list[k+1];
    L->len--;                                  //表长减1
```

下面分析删除操作的效率，即时间复杂度和空间复杂度。

（1）时间复杂度：从删除操作算法过程来看，删除算法的主要操作是移动数据元素，移动数据元素的次数决定了算法的时间复杂度。

假设顺序表的长度为 n，可以删除数据元素的位置为 0～n-1，共 n 个位置。删除第 i（$0 \leqslant i < n$）个位置的数据元素时，移动数据元素的次数为 n-i-1。

设在表中第 i（$0 \leqslant i < n$）个位置删除数据元素的概率为 $p_i$，则删除一个数据元素的平均移动次数为

$$t = \sum_{i=0}^{n} p_i \times (n-i-1)$$

如果在表中各个位置删除数据元素的概率相等，即 $P_i = \frac{1}{n}$，则

$$t = \sum_{i=0}^{n} p_i \times (n-i-1) = \frac{1}{n} \sum_{i=0}^{n}(n-i-1) = \frac{n-1}{2}$$

也就是说，在平均情况下，删除一个数据元素的时间复杂度为 O（n）。

（2）空间复杂度：删除操作不需要辅助的存储单元。删除操作的空间复杂度为 O（1）。

### 2.2.3 顺序表的特点

从以上顺序表的运算的实现算法可以看出，顺序表的主要优点是易于随机存取，可以很方便地访问表中的第 i 个数据元素。

顺序表的主要缺点是需要一块连续的存储空间，不利于扩充；插入和删除操作需要移动大量的数据元素，效率较低。

## 2.3 线性表的链式存储结构——链表

### 2.3.1 链表的概念

在链式存储方式下，线性表的数据元素存储在一组任意（连续或者不连续）的存储单元中，用指向数据元素存储位置的指针来表示数据元素之间的逻辑关系。用链式存储结构存储的线性表简称为链表。

线性表（$a_1$，$a_2$，…，$a_n$）的链式存储结构如图 2-5 所示。为了描述数据元素之间的逻辑关系，存储一个数据元素的时候，还需要存储指针变量，指向它的后继。这两部分合起来称为一个结点，用来表示线性表中的一个数据元素。这样，链表中的一个结点包含两个域：第一个是数据域，用于存储数据元素；另一个是指针域，用于存储后继元素所在结点的存储位置。通过指针域把所有的结点链接起来，故指针域又被形象地称为链域。

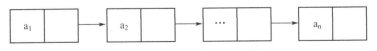

图 2-5　线性表的链式存储结构

为了能够访问链表中的数据元素，需要有一个访问入口。常常用一个指针变量指向链表中的第一个结点，该指针变量称为头指针 H。通过头指针可以找到链表的第一个结点，

然后通过各结点指针域找到下一个结点，这样即可访问链表中的所有结点。由于最后一个数据元素没有后继，因此它的结点指针域应为空，用^或者 NULL 表示，如图 2-6 所示。

图 2-6　链表的头指针

若链表的长度为 0，则头指针为空。

有时为了操作方便，需在链表的第一个结点之前添加一个伪结点，称为头结点。头结点的数据域可以为空，也可以存放一些控制信息。头结点的指针域存放第一个结点的存储地址。链表的头指针指向头结点，且头指针永不为空。如果链表的长度为 0，则头结点的指针域为空。带头结点的链表如图 2-7 所示。

图 2-7　带头结点的链表

链表的结点类型定义如下。

```
typedef int DataType;          //线性表的数据类型，这里以整型为例
typedef struct node{
    DataType data;             //链表的数据域
    struct node *next;         //链表的指针域
}LNode;
```

每个结点只包含一个指针域的链表称为单链表，这里以上述定义为基础讨论单链表的运算。

### 2.3.2　链表的运算

本小节以带头结点的链表为例，介绍链表的一些常见算法的实现方法，并详细介绍插入和删除操作的算法分析过程。

**1. 键表运算过程**

1）链表初始化

生成头结点，并将它的指针域设置为空。

```
LNode* initList( )
{
    LNode* h = (LNode*)malloc(sizeof(LNode));
    h->next = NULL;
    return h;
}
```

2）建立链表

依次输入链表中的数据元素，并生成一个新结点，然后将结点插入到链表中。可以把新结点插入到表头或者表尾，插入到表头的方法称为头插法，插入到表尾的方法称为尾插法。本小节给出尾插法建立链表的算法描述。仿照此算法，读者不难写出头插法的算法描述。

```
void createList( LNode* h)
{
```

```
            LNode* cur = h;
            LNode* tmp = NULL;
            int i = 0;
            int n;
            printf( "输入线性表长度:\n" );
            scanf( "%d", &n );
            for( i = 0; i < n; i++ )
            {
                int t;
                scanf( "%d", &t );
                tmp = (LNode*)malloc(sizeof(struct node));
                tmp->data = t;
                tmp->next = NULL;
                cur->next = tmp;
                cur = cur->next;
            }
        }
```

3）清空链表

清空链表时需要逐个释放链表中结点所占的存储空间。

```
    void clearList( LNode* h )
    {
        LNode* tmp;
        while( h->next != NULL )
        {
            tmp = h->next;
            h->next = h->next->next;
            free(tmp); //释放存储空间
        }
    }
```

4）输出链表的所有数据元素

从第一个结点开始逐个访问链表中的结点并输出结点的数据。

```
    void outputList( LNode* h )
    {
        LNode *cur;
        cur = h->next;
        while( cur != NULL )
        {
            printf( "%d ", cur->data );
            cur = cur->next;
        }
    }
```

5）求链表的长度

从第一个结点开始逐个访问链表中的结点并记录结点数目。

```
    int getLength( LNode *h )
    {
        int len = 0;
        LNode *cur = h->next;
        while( cur != NULL )
        {
            len++;
```

```
            cur = cur->next;
        }
        return len;
    }
```

6）判断链表是否为空

判断链表是否为空，为空则返回 1，否则返回 0。

```
    int isEmpty( LNode *h )
    {
        return (h->next == NULL );
    }
```

7）在链表中插入一个新的数据元素

在链表中插入一个新的数据元素有多种不同的情况：①在表头插入一个新元素；②在表尾插入一个新元素；③给定某个数据元素值，在该元素值所在结点之前或之后插入一个新元素；④在某个结点之前或之后插入一个新元素，这种情况和第③种情况略有不同；⑤在第 i 个结点之前或之后插入一个新元素等。

本小节以第④种情况为例说明在链表中插入新数据元素的算法。

第一个例子为给定某个结点 p，要求在它之后插入一个新的结点，结点值为 elem。插入结点前的链表如图 2-8 所示。

插入新结点后，结点 p 的后继为新结点，新结点的后继为结点 p 原来的后继，如图 2-9 所示。

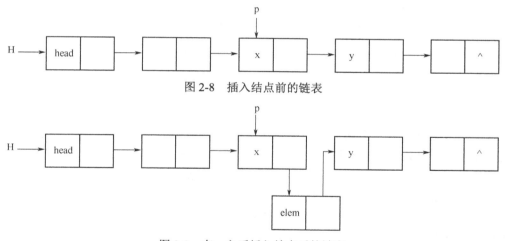

图 2-8　插入结点前的链表

图 2-9　在 p 之后插入结点后的链表

在这种情况下，插入新结点的操作比较简单。只需要生成新的结点，并修改链接关系即可。算法描述如下。

```
    void insertAfter( LNode *p, DataType elem )
    {
        LNode *tmp = NULL;
        tmp = (LNode*)malloc(sizeof(struct node));
        tmp->data = elem;
        tmp->next = p->next;
        p->next = tmp;
    }
```

在给定结点的后面插入一个新结点的时间复杂度是 O（1）。

第二个例子为给定某个结点 p，要求在它之前插入一个新的结点，结点值为 elem。插入结点前的链表如图 2-8 所示。

插入新结点后，结点 p 为新结点的后继，新结点为结点 p 原来的前驱的后继，如图 2-10 所示。

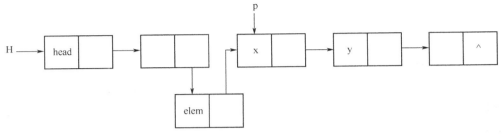

图 2-10　在 p 之前插入结点后的链表

在这种情况下，需要先从头结点开始找到结点 p 的前驱结点才能进行插入操作。找到后再生成新的结点，并修改链接关系。算法描述如下。

```
void insertBefore( LNode *h, LNode *p, DataType elem )
{
    LNode *q = NULL;
    LNode *tmp = NULL;
    q = h;
    while( q->next != p )  //查找结点p的前驱
        q = q->next;
    tmp = (LNode*)malloc(sizeof(struct node));
    tmp->data = elem;
    tmp->next = p;
    q->next = tmp;
}
```

在结点 p 之前插入一个新结点的主要操作用于查找结点 p 的前驱。这个过程需要从链表的第 1 个结点开始与结点 p 进行比较，其比较的次数决定了此算法的时间复杂度。

假设链表中的结点数为 n，可以插入数据元素的结点为第 1 个～第 n 个，共 n 个结点。在第 i（$1 \leqslant i \leqslant n$）个结点之前插入数据元素时，比较的次数为 i。

设在表中第 i（$1 \leqslant i \leqslant n$）个结点之前插入数据元素的概率为 $p_i$，则插入一个数据元素的平均移动次数为

$$t=\sum_{i=1}^{n}p_i \times 1$$

如果在表中各个结点之前插入数据元素的概率相等，即 $p_i = \dfrac{1}{n}$，则

$$t=\sum_{i=1}^{n}p_i \times 1 = \frac{1}{n}\sum_{i=1}^{n} = \frac{n+1}{2}$$

也就是说，在平均情况下，插入一个数据元素的时间复杂度为 O（n）。

从上面两个例子可以看出，在链表中，在一个结点之前和之后插入一个新的结点，其时间复杂度有着巨大的差异。这是使用链表时需要引起注意的一点。

在结点 p 之后插入结点的算法中，不需要辅助的存储单元。在结点 p 之前插入结点的算法中，需要一个辅助的存储单元。因此，两种插入操作的空间复杂度都为 O（1）。

8）在链表中删除一个结点

在链表中删除一个数据元素有多种不同的情况，如：①删除第 1 个结点；②删除最后一个结点；③删除元素值为给定值的结点；④删除指定的结点 p；⑤删除第 i 个结点等。

不失一般性，本小节以第④种情况为例讨论在链表中删除一个结点的算法。删除前的链表如图 2-11 所示。

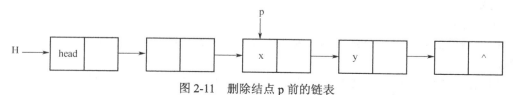

图 2-11　删除结点 p 前的链表

删除结点 p 后，结点 p 的后继变为结点 p 的前驱的后继，如图 2-12 所示。

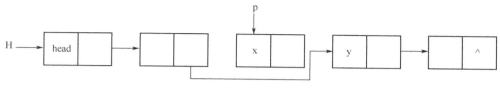

图 2-12　删除结点 p 后的链表

在这种情况下，需要先从头结点开始找到结点 p 的前驱结点才能进行删除操作，即修改链接关系。算法描述如下。

```
void deleteNode( LNode *h, LNode *p )
{
    LNode *q = NULL;
    q = h;
    while( q->next != p )  //查找结点p的前驱
        q = q->next;
    q->next = p->next;
    free( p );//释放结点p所占的空间
}
```

与在结点 p 之前插入一个新结点类似，删除结点 p 的主要操作是查找结点 p 的前驱。需要从链表的第 1 个结点开始与结点 p 进行比较，其比较的次数决定了此算法的时间复杂度。用类似的分析可知，删除结点 p 的时间复杂度也为 O（n）。该算法只需要一个辅助存储单元，故其空间复杂度为 O（1）。

9）在链表中查找指定关键字的数据元素

在链表中查找第一个值为 elem 的数据元素。若找到，则返回它所在的结点指针，否则返回 NULL。算法描述如下。

```
LNode* searchList( LNode *h, DataType elem )
{
    LNode *tmp = h->next;
    while( tmp != NULL )
    {
        if( tmp->data == elem )
```

```
                    return tmp;
                else
                    tmp = tmp->next;
            }
            return tmp;
        }
```

该算法主要用于从第一个结点开始进行关键字的比较，比较的次数决定了算法的时间复杂度。最多需要比较 n 次，故其时间复杂度为 O（n）。该算法仅需要一个辅助存储单元，其空间复杂度为 O（1）。

10）拆分链表

根据给定的要求将一个链表拆分为两个或多个链表。针对不同的要求，需要设计不同的算法。

例如，已知一个链表，其表头指针为 H，如图 2-13 所示。链表中的数据元素值均为整数，按照从小到大的顺序排列。要求将它拆分成两个结点值从大到小的链表，其中一个链表的数据元素值均为偶数，表头指针为 HE，如图 2-14 所示；另一个链表的结点值均为奇数，表头指针为 HO，如图 2-15 所示。

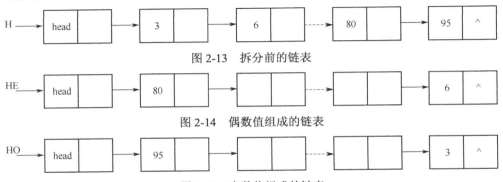

图 2-13　拆分前的链表

图 2-14　偶数值组成的链表

图 2-15　奇数值组成的链表

拆分链表时，需要从原链表的第一个结点开始，判断结点值的奇偶性，如果是偶数，则采用头插法把该结点插入到偶数链表中；如果是奇数，则采用头插法把该结点插入到奇数链表中。算法描述如下。

```
        void splitList( LNode *h, LNode *he, LNode *ho )
        {
            LNode *p = NULL, *q = NULL;
            p = h->next;
            while( p != NULL )
            {
                q = p;
                p = p->next;
                if( 1 == q->data % 2 )
                {
                    q->next = ho->next;
                    ho->next = q;
                }
                else
                {
```

```
                q->next = he->next;
                he->next = q;
            }
        }
        free( h );
}
```

对于长度为 n 的链表，拆分算法需要对链表中的每个结点分别判断其奇偶性，需要判断 n 次，故算法的时间复杂度为 O（n）。该算法仅需要两个辅助内存单元，故它的空间复杂度为 O（1）。

11）合并链表

合并链表指根据要求把两个或多个链表合并成一个链表。针对不同的要求需要设计不同的合并算法。

例如，已知两个链表，两个链表都按数据元素值从小到大的顺序排列，表头指针分别为 HP 和 HQ，分别如图 2-16 和图 2-17 所示。要求将这两个链表合并成一个链表，合并后的链表数据元素值按从大到小的顺序排列，其表头指针为 H，如图 2-18 所示。

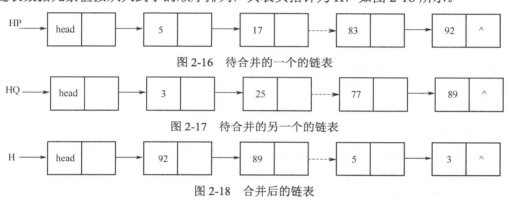

图 2-16　待合并的一个的链表

图 2-17　待合并的另一个的链表

图 2-18　合并后的链表

合并链表时，需要从待合并的两个链表的第一个结点开始，比较结点元素值的大小，把元素值较小的结点按照头插法插入到目标链表中，然后继续比较剩余的结点，直到一个链表的全部结点都已经插入到目标链表中，然后把另一个链表中的全部结点按照头插法插入到目标链表中。算法描述如下。

```
void mergeList( LNode *h, LNode *hp, LNode *hq )
{
    LNode *p = hp->next, *q = hq->next, *tp, *tq;
    while( p != NULL && q != NULL )
    {
        if( p->data <= q->data )  //将数据元素值较小的结点插入到目标链表中
        {
            tp = p;
            p = p->next;
            tp->next = h->next;
            h->next = tp;
        }
        else
        {
            tq = q;
```

```
                    q = q->next;
                    tq->next = h->next;
                    h->next = tq;
                }
        }
        while( p != NULL ) //如果第一个链表还有剩余的结点，则处理
        {
            tp = p;
            p = p->next;
            tp->next = h->next;
            h->next = tp;
        }
        while( q != NULL )//如果第二个链表还有剩余的结点，则处理
        {
            tq = q;
            q = q->next;
            tq->next = h->next;
            h->next = tq;
        }

    }
```

假设待合并的两个链表的长度分别为 m 和 n，合并链表的算法需要扫描两个链表中的每个结点一次，总共需要扫描 m+n 次，故该算法的时间复杂度为 O（m+n）。该算法仅需要 4 个辅助内存单元，故它的空间复杂度为 O（1）。

**2．链表的特点**

从以上链表运算的实现算法可以看出，链表的主要优点是利于扩充，插入和删除时不需要移动数据元素，效率较高。

链表的主要缺点是不能随机存取，访问第 i 个结点要从第一个结点开始查找。

## 2.4 循环链表和双向链表

在应用链表的时候，除了前一节的单链表外，链表还有其他实现形式：循环链表和双向链表。

### 2.4.1 循环链表

在带头结点的循环链表中，最后一个结点的指针域不再为空，而是指向表头结点，如图 2-19 所示。

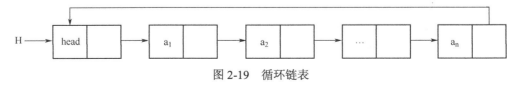

图 2-19　循环链表

空循环链表如图 2-20 所示。而空的单链表如图 2-21 所示。

图 2-20 空循环链表　　　　　图 2-21 空单链表

循环链表的主要特点是从链表中任意结点出发都可以找到表中的所有结点。

在循环链表中，由于最后一个结点的指针域指向头结点，故循环链表中没有空指针。循环链表和普通单链表在运算上的主要区别也来源于此。例如，在单链表中，判断链表为空的条件为 h->next==NULL；而在循环链表中，判断链表为空的条件为 h->next==h。

下面介绍几个循环链表中的不同运算。

### 1．循环链表初始化

生成头结点，并将它的指针域指向头结点。

```
LNode* initList( )
{
    LNode* h = (LNode*)malloc(sizeof(LNode));
    h->next = h;//这是与单链表不同的地方
    return h;
}
```

### 2．判断循环链表是否为空

判断链表是否为空，为空则返回 1，否则返回 0。

```
int isEmpty( LNode *h )
{
    return (h->next == h );//这是与单链表不同的地方
}
```

### 3．求循环链表的长度

从第一个结点开始逐个访问链表中的结点并记录结点数目。

```
int getLength( LNode *h )
{
    int len = 0;
    LNode *cur = h->next;
    while( cur != h ) //这是与单链表不同的地方
    {
        len++;
        cur = cur->next;
    }
    return len;
}
```

## 2.4.2　双向链表

在单向链表中，可以很方便地访问一个结点的后继。如果要访问一个结点的前驱，则只能从头结点开始向后依次查找每一个结点，效率较低。

为了方便访问结点的前驱，可以给每个结点加上一个指针域，指向它的前驱。这样每个结点就包含两个指针域：一个指向其前驱，一个指向其后继。这样的链表称为双向链表，如图 2-22 所示。

在这种双向链表中，头结点中指向前驱的指针域和最后一个结点中指向后继结点的指针域都为空。

如果头结点中指向前驱的指针域指向最后一个结点，且最后一个结点中指向后继结点的指针域指向头结点，则可构成循环双向链表。

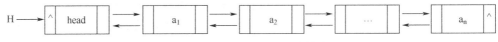

图 2-22　带头结点的双向链表

双向链表的结点类型定义如下。

```
typedef int DataType;        //线性表的数据类型，本节以整型为例
typedef struct node{
    DataType data;           //链表的数据域
    struct node *prev;       //指向前驱的指针域
    struct node *next;       //指向后继的指针域
}DNode;
```

每个结点只包含一个指针域。

在双向链表中，插入和删除结点需要修改 4 个指针。由于从一个结点可以很方便地访问它的前驱和后继，故在一个指定的结点前后插入新结点的操作会变得一样简单。同时，删除一个结点也不需要从头结点开始去查找它的前驱。本节以插入和删除结点为例说明双向链表的运算。

1）在双向链表中插入一个新的数据元素

与在单链表中插入一个新的数据元素一样，在双向链表中插入一个新的数据元素也有多种不同的情况。本节以在一个指定的结点 p 之前插入一个新的数据元素为例，说明在双向链表中插入一个新的数据元素的算法。

图 2-23 所示为插入新数据元素前的双向链表，要求在结点 p 之前插入一个值为 elem 的数据元素。

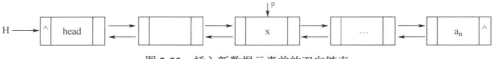

图 2-23　插入新数据元素前的双向链表

图 2-24 所示为插入新数据元素后的双向链表，需要修改如下 4 个指针以改变结点之间的链接关系。

```
p->prev->next = q;
q->next = p;
q->prev=p->prev;
p->prev = q;
```

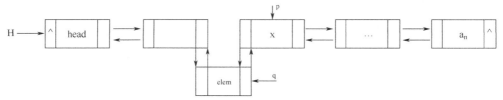

图 2-24　插入新数据元素后的双向链表

2）在双向链表中删除一个结点

在双向链表中删除一个结点也有多种不同的情况，本节以在双向链表中删除一个指定的结点为例说明删除结点算法。

图 2-25 所示为删除结点前的双向链表，要求删除其中的结点 p。

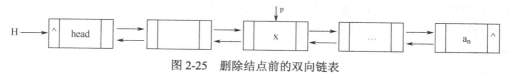

图 2-25　删除结点前的双向链表

图 2-26 所示为删除结点 p 之后的双向链表，需要修改如下两个指针以改变结点之间的链接关系。

```
p->prev->next = p->next;
p->next->prev = p->prev;
```

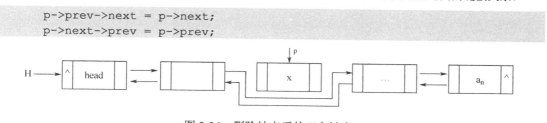

图 2-26　删除结点后的双向链表

# 习　　题

2.1　已知顺序表 L 递增有序，编写一个算法，将元素 x 插入到顺序表的适当位置上，并保持顺序表的有序性。

2.2　已知线性表中的元素为整数并以值递增有序排列，并以带头结点的单链表作为存储结构。试编写一个高效的算法，删除表中所有大于 min 且小于 max 的元素（假设表中存在这样的元素）。

2.3　假设有两个按元素值递增有序排列的带头结点的单链表 A 和 B，请编写算法将 A 表和 B 表归并成一个按元素值递减有序排列的带头结点的单链表 C，并要求利用原表的结点空间构造单链表 C。

2.4　已知单链表中含有 3 类字符的数据元素（如字母字符、数字字符和其他字符），试编写算法构造 3 个以单链表表示的线性表，使每个表中只含同一类字符，且利用原表中的结点空间作为 3 个表的结点空间，假设已经生成头结点。

2.5　设线性表 A=（$a_1$，$a_2$，$a_3$，…，$a_m$），B=（$b_1$，$b_2$，$b_3$，…，$b_n$），试编写一个合并 A、B 为线性表 C 的算法，合并规则如下。

C=（$a_1$，$b_1$，…，$a_m$，$b_m$，$b_{m+1}$，…，$b_n$），m≤n

或者

C=（$a_1$，$b_1$，…，$a_n$，$b_n$，$a_{n+1}$，…，$a_m$），m>n

线性表 A、B、C 均以带头结点的单链表作为存储结构，且 C 表利用 A 表和 B 表中的结点空间构成。

2.6　设计算法，求一个带头结点单链表中值为 x 的结点个数，并将所求结果存放在头结点的 data 域中。

2.7　设线性表 A=($a_1$，$a_2$，$a_3$，…，$a_n$)以带头结点的单链表作为存储结构。编写一个函数，删除 A 中序号为奇数的结点。

2.8 编写算法，将一带头结点的单链表逆转。要求逆转在原链表上进行，不允许重新构造一个链表，可以定义临时变量。

2.9 设 ha、hb 分别指向两个带头结点的递增有序单链表。编写算法，将 ha 和 hb 链表中值相同的结点保留在 ha 链表中，值不同的结点删除，ha 是结果链表的头指针。链表中结点值与从前逆序，并输出结果链表中结点的个数（即 pa 与 pb 中相等的元素个数），以及原 pa 链表中被删除的结点个数。

2.10 已知一个双向循环链表，从第二个结点至表尾 ($a_1, a_2, \cdots, a_n$) 递增有序，$a_1 < x < a_n$。试编写算法，将第一个结点删除并插入到表中的适当位置，使整个链表递增有序。

# 第3章 栈和队列

在线性表中，可以在表中的任意位置插入和删除数据元素。在实际应用中，常常会遇到需要对插入和删除数据元素的位置进行限制的情况，这样的线性表称为操作受限的线性表。栈和队列是两种应用较多的操作受限的线性表。

## 3.1 栈

### 3.1.1 栈的基本概念

例 3-1：有一个单头开口的盒子，其截面直径和乒乓球的直径一样大。依次向盒子中放入编号为 1、2、3、4 的 4 个乒乓球，如图 3-1 所示。

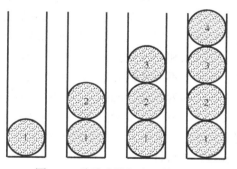

图 3-1 乒乓球放入盒子的过程

从盒子中取球时，必须先取出 4 号球才能取出 3 号球，然后才能取出 2 号球。故要取出盒子中的球，则必须按照 4、3、2、1 的顺序取出，如图 3-2 所示。

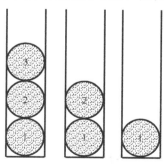

图 3-2 取出乒乓球的过程

例 3-2：一支部队在行军途中遇到一条很窄的峡谷，仅能容一人通过，部队从峡谷的一端进入，在峡谷中前进，排成一条长龙。走到最前面的部队发现遭遇了敌军的埋伏，且不能击溃敌军，如图 3-3 所示。

图 3-3　部队行军遭遇埋伏

这时指挥官下令撤退，撤退的策略是"后军变前军，前军变后军"。后进入峡谷的人先撤退，先进入峡谷的人后撤退，如图 3-4 所示。

图 3-4　部队进行撤退

例 3-1 中盒子里的乒乓球和例 3-2 中峡谷中的部队都可以看做一个线性表。例 3-1 中放入和取出乒乓球可以看做线性表的插入和删除操作。例 3-2 中的军人进入和退出峡谷也可以看做线性表的插入和删除操作。在这两个例子中，插入和删除都只能在线性表的一端进行，且数据元素进入和退出的顺序恰好相反。这种特殊的线性表称为栈。

栈是只能在表的一端进行插入和删除数据元素的线性表，允许进行插入和删除操作的一端称为栈顶，另一端称为栈底。不含数据元素的表称为空栈。

向栈中插入数据元素的操作称为入栈（push），从栈中删除数据元素的操作称为出栈（pop）。如有 n 个数据元素 $a_1$，$a_2$，…，$a_n$ 依次入栈，$a_1$ 称为栈底元素，$a_n$ 称为栈顶元素。最后入栈的数据元素 $a_n$ 将最先出栈，最先入栈的数据元素 $a_1$ 将最后出栈。因此，栈具有"后进先出"（last in first out, LIFO）的特性。

例 3-3：用 P 表示入栈操作，O 表示出栈操作，若数据元素入栈的顺序为 1234，为了得到 1342 的出栈顺序，相应的 P 和 O 的操作串为＿＿＿＿＿＿＿＿＿＿。

答案：POPPOPOO

栈的常用运算如下。

（1）初始化。

（2）清空栈。

（3）读取栈顶元素。

（4）检查栈是否为空。

（5）入栈。

（6）出栈。

### 3.1.2　栈的顺序存储结构——顺序栈

与线性表一样，栈也可以采用顺序存储方式。将栈底到栈顶的数据元素依次存放到一组连续的存储单元中，并用一个变量 top 指示栈顶元素的位置。习惯上，将变量 top 称为栈顶指针。采用顺序存储方式的栈称为顺序栈。

图 3-5 为一个顺序栈中数据元素入栈和出栈的示意图。当栈中没有数据元素时，栈顶指针 top 不指向表中的任何位置。随着数据元素 20、12、3 和 10 相继入栈，以及数据元素 10 出栈，栈顶指针会相应地发生改变。

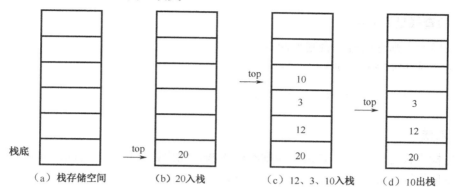

图 3-5　顺序栈数据元素入栈和出栈示例

顺序栈的结构体类型定义如下。

```
typedef int DataType;//栈的数据类型，本节以整型为例
#define MaxSize 200 //200为栈最多能存放的数据元素的个数
typedef struct{
DataType stack[MaxSize]; //DataType为栈中数据元素的类型
int top; //栈顶指针
}SeqStack;
```

在 C 语言中，数组的下标是从 0 开始的，因此，用 top=-1 表示栈空。

本节在此结构的基础上讨论顺序栈的常用运算的实现方法。

## 1．初始化

由于栈的存储空间是静态分配的，故初始化时只需要将栈顶指针设为-1 即可。

```
void initStack( SeqStack *s)
{
    s->top = -1;
}
```

## 2．清空栈

清空栈时只需要将栈顶指针设为-1 即可。

```
void clearStack( SeqStack *s )
{
    s->top = -1;
}
```

## 3．读取栈顶数据元素

首先检查栈是否为空，如为空则不能读取，输出错误信息并返回，否则返回栈顶数据元素。读取栈顶数据元素不能修改栈顶指针。

```
DataType getTop( SeqStack *s )
{
    if( s->top == -1 )
    {
            printf( "Empty stack\n" );
```

```
        exit( 1 );
    }
    return s->stack[s->top];
}
```

### 4．检查栈是否为空

如果栈为空则返回-1，否则返回0。

```
int isEmpty( SeqStack *s )
{
    return (s->top == -1);
}
```

### 5．入栈

首先检查栈是否已满，如果已满则不能入栈，输出错误信息并返回。如果能够入栈，则修改栈顶指针，并把数据元素放到栈顶位置。

```
void push( SeqStack *s, DataType elem)
{
    if( s->top == MaxSize-1 )
    {
        printf( "Overflow\n" );
        exit(1);
    }
    s->top++;
    s->stack[s->top] = elem;
}
```

### 6．出栈

首先检查栈是否为空，如为空则不能出栈，输出错误信息并返回。如果能够出栈，则修改栈顶指针，并返回栈顶数据元素。

```
DataType pop( SeqStack *s )
{
    if( s->top == -1 )
    {
        printf( "Empty stack\n" );
        exit(1);
    }
    s->top--;
    return s->stack[s->top+1];
}
```

## 3.1.3  栈的链式存储结构——链栈

栈也可以采用链式存储结构。在链式存储方式下，栈中的数据元素存储在一组任意（连续或者不连续）的存储单元中，用指向数据元素存储位置的指针来表示数据元素入栈的先后关系。用一个指针top指向栈顶元素，指针top称为栈顶指针。使用链式存储结构存储的栈简称链栈。

如有一组数据元素 $a_1$，$a_2$，…，$a_n$ 按顺序入栈，则链栈的存储结构如图 3-6 所示。

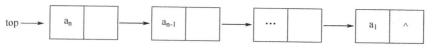

图 3-6　链栈的存储结构

链栈的结点类型定义如下。

```
typedef int DataType; //栈的数据类型，本节以整型为例
typedef struct node{
    DataType data; //链栈的数据域
    struct node *next; //链栈的指针域
}SNode;
```

链栈的结构类型定义如下。

```
typedef struct{
    SNode* top;
}LinkStack;
```

下面以上述定义为基础，介绍链栈的常用运算的实现方法。

### 1. 初始化

将链栈的栈顶指针置为空。

```
void initStack( LinkStack *LS )
{
    LS->top = NULL;
}
```

### 2. 清空栈

从链栈的栈顶元素开始，依次释放栈中的所有结点，最后置栈顶指针为空。

```
void clearStack( LinkStack *LS )
{
    SNode *p=NULL, *q=NULL;
    q = LS->top;
    while( q != NULL )
    {
        p = q; //待清除的结点
        q = q->next;
        free(p);
    }
    LS->top = NULL;
}
```

### 3. 读取栈顶元素

首先检查栈是否为空，如为空则不能读取，输出错误信息并返回，否则返回栈顶数据元素。读取栈顶数据元素不能修改栈顶指针。

```
DataType getTop( LinkStack *LS )
{
    if( LS->top == NULL )
    {
        printf( "Empty stack\n" );
        exit( 1 );
    }
    return LS->top->data;
}
```

### 4．检查栈是否为空

如果栈为空则返回 1，否则返回 0。

```
int isEmpty( LinkStack *LS )
{
    return (LS->top == NULL);
}
```

### 5．入栈

采用链式存储结构时，首先需要为待入栈的数据元素分配存储空间，若分配失败，则不能入栈。如果分配成功，则修改栈顶指针，并把数据元素放到栈顶位置。

```
void push( LinkStack *LS, DataType elem )
{
    SNode *t = NULL;
    t = (SNode*)malloc( sizeof(SNode) );
    if( NULL == t )
    {
        printf( "Failed to allocate memory\n" );
        exit( 1 );
    }
    t->data = elem;
    t->next = LS->top;
    LS->top = t;
}
```

### 6．出栈

首先检查栈是否为空，如为空则不能出栈，输出错误信息并返回。如果能够出栈，则修改栈顶指针，释放栈顶元素所占用的存储空间，并返回栈顶数据元素。

```
DataType pop( LinkStack *LS )
{
    DataType k;
    SNode *t;
    if(NULL == LS->top )
    {
        printf( "Empty stack\n" );
        exit(1);
    }
    t = LS->top;
    k = t->data;
    LS->top = LS->top->next;
    free( t );
    return k;
}
```

## 3.2 栈的应用

在计算机科学领域，栈具有广泛的应用。常常利用栈来求解表达式的值、递归实现等问题。

### 3.2.1 表达式求值

在计算机科学领域中，常用两种形式来表示算术表达式。第一种称为中缀表达式，用算术运算符和括号把运算对象连接起来，双目运算符位于两个运算对象之间，如（a+b）*c。第二种称为后缀表达式，也称逆波兰表达式，由波兰科学家卢卡谢维奇（Lukasiewicz）提出，把运算符放在参与该运算的两个运算对象之后，如 ab+c*。

可以采用如下规则把中缀表达式转换为后缀表达式。

（1）把中缀表达式中的所有运算符置于它的两个运算对象之后。

（2）去掉表达式中的所有括号。

中缀表达式转换为后缀表达式的例子如表 3-1 所示。

表 3-1　中缀表达式与后缀表达式

| 中缀表达式 | 后缀表达式 |
|---|---|
| a–b | ab– |
| a+b/c | abc/+ |
| (a–b)*c | ab–c* |
| a–b/(c+d)*e | abcd+/e*– |

计算中缀表达式时，需要确定各运算符的优先级，先计算优先级高的运算符。对于相同优先级的运算符，则按照从左到右的顺序计算。常用运算符的优先级如表 3-2 所示。

表 3-2　常用运算符的优先级

| 运算符 | ( | * | / | + | – | ) | # |
|---|---|---|---|---|---|---|---|
| 优先级 | 4 | 3 | 3 | 2 | 2 | 1 | 0 |

表 3-2 中的 "#" 是表达式结束符，优先级最低。

计算中缀表达式时，需要设置两个栈：一个用于存储操作数，称为操作数栈，记作 OPND；一个用于存储操作符，称为操作符栈，记作 OPRT。

初始时，操作数栈 OPND 为空，操作符栈 OPRT 的栈顶元素为表达式结束符 "#"。

为了叙述方便，本节将一个操作数和一个操作符都称为一个符号。

计算中缀表达式的过程如下：从左到右依次扫描待计算表达式中的每一个符号 ch，根据 ch 的值做如下处理。

（1）如果 ch 是操作数，则将它入操作数栈 OPND，然后扫描下一个符号。

（2）如果 ch 是操作符，则做如下处理。

① 如果 ch 为表达式结束符 "#"，则计算过程结束。操作数栈 OPND 顶的元素为表达式的值；

② 如果 ch 为右括号 ")"，且操作符栈 OPRT 顶的元素为左括号 "("，则操作符栈 OPRT 栈顶元素出栈，然后扫描下一个符号；

③ 如果 ch 的优先级大于操作符栈 OPRT 栈顶元素的优先级，则将它入操作符栈 OPRT，然后继续扫描下一个符号；

④ 若 ch 的优先级小于或等于操作符栈 OPRT 栈顶元素的优先级，则从操作符栈 OPRT

栈顶出栈一个操作符⊖，从操作数栈 OPND 栈顶出栈两个操作数，并用操作符⊖对两个操作数做计算，把计算结果入操作数栈 OPND；从第①步开始继续处理本次扫描到的操作符 ch。

下面以表达式 9/3+4*（7-5+2）为例说明中缀表达式的求值过程，如图 3-7 所示。

（1）建立并初始化操作符栈 OPRT 和操作数栈 OPND，如图 3-7（a）所示。

（2）操作数 9、3 和操作符"/"相继入栈，如图 3-7（b）所示。

（3）扫描到操作符"+"，取操作数栈顶的两个元素和操作符栈顶的一个元素做计算，将计算结果 3 入操作数栈，将操作符"+"入操作符栈，如图 3-7（c）所示。

（4）4、"*"、"("、7、"-"、5 相继入栈，如图 3-7（d）所示。

（5）扫描到第二个"+"操作符，取操作数栈顶的两个元素和操作符栈顶的一个元素做计算，将计算结果 2 入操作数栈，将操作符"+"入操作符栈，如图 3-7（e）所示。

（6）操作数 2 入栈，如图 3-7（f）所示。

（7）扫描到")"，取操作数栈顶的两个元素和操作符栈顶的一个元素做计算，计算结果入操作数栈，如图 3-7（g）所示。

（8）操作符栈顶元素"("出栈，如图 3-7（h）所示。

（9）扫描的表达式结束符"#"，取操作数栈顶的两个元素和操作符栈顶的一个元素做计算，计算结果入操作数栈，如图 3-7（i）所示。

（10）取操作数栈顶的两个元素和操作符栈顶的一个元素做计算，计算结果入操作数栈，如图 3-7（j）所示。此时，操作符栈顶元素也是"#"，表达式计算结束，操作数栈顶元素 19 就是表达式的值。

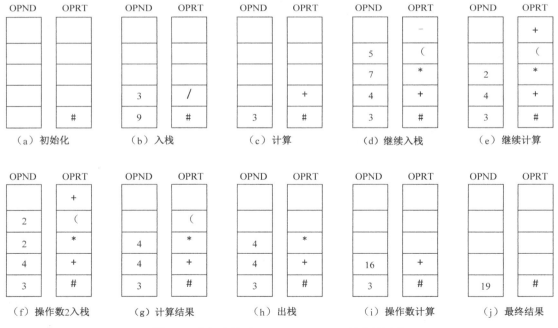

图 3-7　中缀表达式 9/3+4*（7-5+2）的求值过程

与中缀表达式相反，计算后缀表达式时，无需考虑运算符的优先级，只需要以从左到右按照表达式出现的先后次序进行计算即可。

计算后缀表达式时只需要设置一个操作数栈 OPND，初始时设置为空。

计算后缀表达式的过程如下：从左到右依次扫描待计算表达式中的每一个符号 ch，根据 ch 的值做如下处理。

（1）如果 ch 为表达式结束符"#"，则计算过程结束，操作数栈的栈顶元素就是表达式的值。

（2）如果 ch 为操作数，则入操作数栈 OPND，然后扫描下一个符号。

（3）如果 ch 是操作符，则从操作数栈 OPND 栈顶出栈两个操作数，并用操作符 ch 对两个操作数做计算，把计算结果入操作数栈 OPND，然后扫描下一个符号。

中缀表达式 9/3+4*（7-5+2）对应的后缀表达式为 93/475-2+*+。下面以后缀表达式 93/475-2+*+为例说明后缀表达式的求值过程，如图 3-8 所示。

（1）操作数 9 和 3 相继入栈，如图 3-8（a）所示。

（2）扫描到操作符"/"，从操作数栈 OPND 栈顶出栈两个操作数，并用操作符 ch 对两个操作数做计算，把计算结果入操作数栈 OPND，如图 3-8（b）所示。

（3）操作数 4、7、5 相继入栈，如图 3-8（c）所示。

（4）扫描到操作符"－"，从操作数栈 OPND 栈顶出栈两个操作数，并用操作符 ch 对两个操作数做计算，把计算结果入操作数栈 OPND，如图 3-8（d）所示。

（5）操作数 2 入栈，如图 3-8（e）所示。

（6）扫描到第一个"+"操作符，从操作数栈 OPND 栈顶出栈两个操作数，并用操作符 ch 对两个操作数做计算，把计算结果入操作数栈 OPND，如图 3-8（f）所示。

（7）扫描到操作符"*"，从操作数栈 OPND 栈顶出栈两个操作数，并用操作符 ch 对两个操作数做计算，把计算结果入操作数栈 OPND，如图 3-8（g）所示。

（8）扫描到第二个"+"操作符，从操作数栈 OPND 栈顶出栈两个操作数，并用操作符 ch 对两个操作数做计算，把计算结果入操作数栈 OPND，如图 3-8（h）所示。继续扫描将得到表达式结束符"#"，计算结束，操作数栈 OPND 的栈顶元素就是表达式的值。

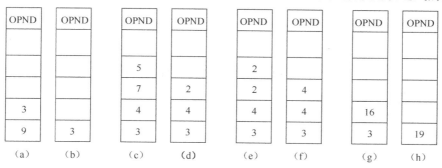

图 3-8  后缀表达式 93/475-2+*+的求值过程

## 3.2.2  栈与递归

递归是一种重要的程序设计技术。很多问题可以很方便、简洁地用递归程序解决。

递归的定义：如果一个对象的组成部分的定义与它本身相同，则称该对象是递归的；如果一个过程执行时直接或者间接地调用自己，则称这个过程是递归的。

例如，一棵二叉树包含一个根结点和它的左、右子树，左、右子树又是二叉树。二叉树的两个组成部分：根结点的左、右子树的定义与二叉树的定义相同，故二叉树是递归对象。

求一个自然数的阶乘的函数如下。

```
long fact( int n )
{
        long f;
        if( n <= 1 )
                return 1;
        f = n * fact(n-1);//调用函数fact
        return f;
}
```

函数fact()在执行过程中直接调用它自身，因此该函数是一个递归调用函数。

满足如下条件的问题可以用递归方法求解：

（1）该问题可以被转化为一个或多个较简单的新问题，新问题与原问题的求解方法相同，只是规模不同。

（2）有一个结束递归的条件，称为递归边界，不能出现无穷递归。

例如，求二叉树的高度的问题。一棵二叉树的高度可以定义为等于根结点的两棵子树的最大高度加1。这样就把求二叉树的高度问题转化为两个新问题：求根结点两棵子树的高度。新问题与原问题的解法相同，只是树的高度变小了，求解起来更简单。求两棵子树的高度可能还需要进一步分解。当一棵二叉树只有一个根结点时，它的高度等于1，这时即可结束递归。

递归调用的执行过程分为两个阶段：递推阶段和回归阶段。在递推阶段将原问题逐层分解为一系列的子问题，子问题的规模逐渐变小，直到到达递归边界即可结束递推阶段。例如，用fact()函数求6的阶乘的递推过程如下。

6! =6*5!

5! =5*4!

4! =4*3!

3! =3*2!

2! =2*1!

到达递归边界后，进行第二阶段，即回归阶段。回归阶段按与递推阶段相反的顺序逐层求值，直到求出原问题的解。

例如，求6的阶乘的回归过程如下。

2! =2

3! =6

4! =24

5! =120

6! =720

可见，递推阶段和回归阶段中各层的顺序满足"后进先出"的特点。因此实现递归时需要用栈来存储递归调用的层次，形成递归工作栈。在递推阶段，将函数调用的局部变量、实参值、返回语句位置等环境变量入栈，存储到递归工作栈。在回归阶段，逐层将递归工作栈中的环境变量出栈。

采用递归调用的程序也可以转换为非递归调用的程序。转换的方法有两种：直接转换法和间接转换法。直接转换法可以将递归调用转换为使用循环语句的非递归调用；间接转换法需要设计一个栈来保存中间结果。

## 3.3 队列

### 3.3.1 队列的基本概念

例 3-4：图 3-9 所示为购买火车票的一个队列，靠近售票窗的一端为队头，队头的人买完票后离开队列。另一端为队尾，需要买票的人从队尾加入队列。

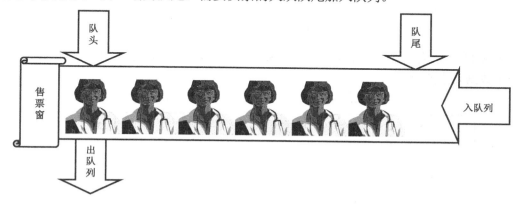

图 3-9　购买火车票的队列

例 3-4 中排队购买火车票的人可以看做一个线性表。一个人开始排队和购票后离开可以看做线性表的插入和删除操作。只能在线性表的一端进行插入操作，同时，只能在线性表的另一端进行删除操作，数据元素进入和退出队列的顺序相同。这样的线性表称为队列。

队列是只允许在一端进行插入，在另一端进行删除的线性表。允许插入的一端称为队尾，允许删除的一端称为队头。不含元素的表称为空队列。

把向队列中插入数据元素的操作称为入队（InsQueue），把从队列中删除数据元素的操作称为出队（DelQueue）。如有 n 个数据元素 $a_1$，$a_2$，…，$a_n$ 依次入队，$a_1$ 称为队头元素，$a_n$ 称为队尾元素。最先入队的数据元素 $a_1$ 将最先出队，最后入队的数据元素 $a_n$ 将最后出队。因此，队列具有"先进先出"（first in first out, FIFO）的特性。

队列的常用运算如下。

（1）初始化。

（2）清空队列。

（3）读取队头元素。

（4）检查队列是否为空。

（5）入队。

（6）出队。

### 3.3.2 队列的顺序存储结构——顺序队列

与线性表一样，队列也可以采用顺序存储方式。将队列中的数据元素依次存放到一组连续的存储单元中。用一个变量 front 指向队头元素的前一个位置，用另一个变量 rear 指向队尾元素。变量 front 和 rear 分别称为队头指针和队尾指针。采用顺序存储方式的队列称为顺序队列。

图 3-10 所示为元素入队示意图。当有数据元素入队时，队尾指针 rear 向后移动一个数据元素的位置。

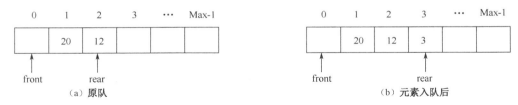

图 3-10　入队时移动队尾指针

图 3-11 所示为元素出队示意图。当有数据元素出队时，队头指针 front 向队尾方向移动一个数据元素的位置。

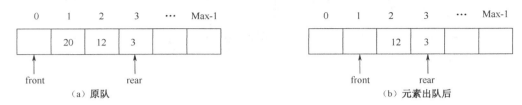

图 3-11　出队时移动队头指针

队列为空有两种情况：一种是初始时，队头指针 front 和队尾指针 rear 都是-1，如图 3-12（a）所示；另一种是队头指针 front 和队尾指针 rear 都不是-1，但是相等，如图 3-12（b）所示。

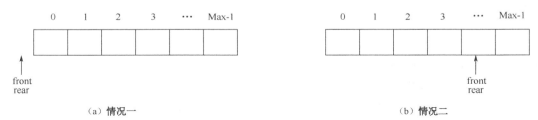

图 3-12　队列为空的两种况

队列满时也有两种情况：一种是所有的存储单元都已经存储了数据元素，如图 3-13（a）所示；另一种是队尾指针已经指向队列存储单元的最后一个位置，队列存储单元的另一端还有空的位置，但是队列不能再存放新的数据元素了，如图 3-13（b）所示，这种情况称为队列的假溢出，即队列中还有空的存储单元，但是不能存放新的数据元素。

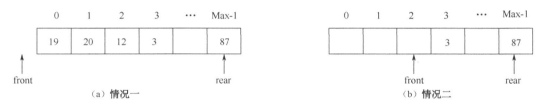

图 3-13　队列满的两种情况

顺序队列的结构体定义如下。

```
typedef int DataType;            //队列的数据类型，本节以整型为例
#define MaxSize 200              //200为队列最多能存放的数据元素的个数
typedef struct{
    DataType stack[MaxSize];     //DataType为队列中数据元素的类型
    int front, rear;             //队头和队尾指针
}SeqQueue;
```

本节在此结构的基础上讨论顺序队列的常用运算的实现方法。

## 1. 初始化

由于队列的存储空间是静态分配的，故初始化时只需要将队头和队尾指针设为-1即可。

```
void initQueue( SeqQueue *q )
{
    q->front = -1;
    q->rear = -1;
}
```

## 2. 清空队列

清空队列时只需要将队头和队尾指针设为-1即可。

```
void clearQueue( SeqQueue *q )
{
    q->front = -1;
    q->rear = -1;
}
```

## 3. 读取队头元素

首先检查队列是否为空，如为空则不能读取，输出错误信息并返回，否则返回队头数据元素。读取队头数据元素不能修改队头指针。

```
DataType getTop( SeqQueue *q )
{
    if( q->front == q->rear )
    {
        printf( "Empty stack\n" );
        exit( 1 );
    }
    return q->queue[q->front+1];
}
```

## 4. 检查队列是否为空

如果队列为空则返回 1，否则返回 0。

```
int isEmpty( SeqQueue *q )
{
    return ( q->front == q->rear );
}
```

## 5. 入队

首先检查队列是否已满，如果已满则不能入队，输出错误信息并返回。如果能够入队，则修改队尾指针，并把数据元素放到队尾位置。

```
void InsQueue( SeqQueue *q, DataType elem )
```

```
{
    if( q->rear == MaxSize-1 )
    {
        printf( "Overflow\n" );
        exit(1);
    }
    q->rear = q->rear+1;
    q->queue[q->rear] = elem;
}
```

### 6. 出队

首先检查队列是否为空，如为空则不能出队，输出错误信息并返回。如果能够出队，则修改队头指针，并返回队头数据元素。

```
DataType delQueue ( SeqQueue *q )
{
    if( q->front == q->rear )
    {
        printf( "Empty queue\n" );
        exit(1);
    }
    q->front++;
    return q->queue[q->front];
}
```

### 3.3.3  队列的链式存储结构——链式队列

队列也可以采用链式存储结构。在链式存储方式下，队列中的数据元素存储在一组任意（连续或者不连续）的存储单元中，用指向数据元素存储位置的指针来表示数据元素入队列的先后关系。用一个指针 front 指向队头元素，指针 front 称为队头指针；用一个指针 rear 指向队尾元素，指针 rear 称为队尾指针。用链式存储结构存储的队列简称链式队列。

如有一组数据元素 $a_1$，$a_2$，…，$a_n$ 按顺序入队，则链式队列的存储表示如图 3-14 所示。因为队列是在队尾入队的，$a_n$ 最后入队，故 $a_n$ 所在的结点为队尾结点。

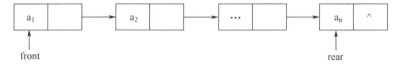

图 3-14  链式队列的存储结构

链式队列为空时，队头指针 front 和队尾指针 rear 都为空。

链式队列的结点类型定义如下。

```
typedef int DataType; //队列的数据类型，本节以整型为例
typedef struct node{
    DataType data; //链式队列的数据域
    struct node *next; //链式队列的指针域
}QNode;
```

链式队列的结构类型定义如下。

```
typedef struct{
    QNode* front;
```

```
        QNode* rear;
    }LinkQueue;
```

下面以上述定义为基础，介绍链式队列的常用运算的实现方法。

### 1. 初始化

将链式队列的队头和队尾指针置为空。

```
void initQueue( LinkQueue *lq )
{
    lq->front = NULL;
    lq->rear = NULL;
}
```

### 2. 清空队列

从队头结点开始依次释放队列中的所有结点占用的存储空间。

```
void clearQueue( LinkQueue *lq )
{
    QNode *q;
    while( lq->front != lq->rear )
    {
        q = lq->front;
        lq->front = q->next;
        free( q );
    }
    free( lq->front );
    lq->front = NULL;
    lq->rear = NULL;
}
```

### 3. 读取队头元素

首先检查队列是否为空，如为空则不能读取，输出错误信息并返回，否则返回队头数据元素。读取队头元素不能修改队列指针。

```
DataType getTop( LinkQueue *lq )
{
    if( lq->front == NULL )
    {
        printf( "Empty stack\n" );
        exit( 1 );
    }
    return lq->front->data;
}
```

### 4. 检查队列是否为空

如果队列为空则返回 1，否则返回 0。

```
int isEmpty( LinkQueue *lq )
{
    return ( lq->front == NULL );
}
```

### 5. 入队

采用链式存储结构时，首先需要为待入队列的数据元素分配存储空间，若分配失败则不能入队。如果分配成功则修改队尾指针，并把数据元素放到队尾位置。

```
void insQueue( LinkQueue *lq, DataType elem )
{
    QNode *tmp = NULL;
    tmp = (QNode*)malloc(sizeof(QNode));
    if( NULL == tmp )
    {
        printf( "Failed to allocate memory\n" );
        exit( 1 );
    }
    tmp->data = elem;
    tmp->next = NULL;
    if( NULL == lq->rear )//如果原队列为空，则队头和队尾指针都指向新结点
    {
            lq->rear = tmp;
            lq->front = tmp;
    }
    else//如果原队列不为空，则队尾指针指向新结点
    {
            lq->rear->next = tmp;
            lq->rear = tmp;
    }
}
```

### 6. 出队

首先检查队列是否为空，如为空则不能出队，输出错误信息并返回。如果能够出队，则修改队头指针，并返回队头数据元素。

```
DataType delQueue( LinkQueue *lq )
{
    QNode *tmp;
    DataType dt;
    if( NULL == lq->front )
    {
        printf( "Empty queue\n" );
        exit(1);
    }
    dt = lq->front->data; //取出队头数据元素
    tmp = lq->front; //保存队头结点
    lq->front = tmp->next; //队头结点的下一个结点成为新的队头结点
    if( NULL == lq->front ) //如果新的队头结点为空，则为空队列
        lq->rear = NULL;
    free( tmp );
    return dt;
}
```

## 3.3.4 循环队列

从图 3-13（b）可以看到，顺序队列会发生假溢出的现象。为了解决顺序队列的假溢出现象，当队列的最后一个存储单元存储了数据元素之后，新入队的数据元素会存放在第一个存储单元中。

如图 3-15（a）所示，顺序队列发生假溢出。发生假溢出时，将新入队的数据元素存放到第一个存储单元中，如图 3-15（b）所示。

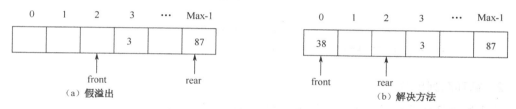

图 3-15　循环解决假溢出

这样，逻辑上是把队列的最后一个存储单元链接到它的第一个存储单元的前面，从而把它看做一个循环队列。

图 3-16（a）所示为 20、12、3 三个元素相继入队后的队列存储状态。图 3-16（b）所示为 20、12、3 三个元素相继出队后的队列存储状态。这时，队列为空，front=rear。

图 3-16　循环为空的情况

在图 3-16（b）的基础上，数据元素 26、45、2、53、68、11 又相继入队，如图 3-17所示。这时，队列为满，front=rear。

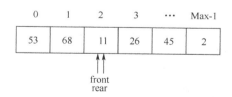

图 3-17　循环为满的情况

从图 3-16（b）和图 3-17 来看，队列为空和队列为满都可能出现 front=rear 的情形。故在循环队列中，不能用 front=rear 来区分队列为空或为满。针对这个问题，有两种解决方法：一种是设置一个标志位来区别队列为空和为满的情形；另一种是规定队头指针指示的位置不能存放元素，故当队满时有 front=（rear+1）%（MaxSize），当队空时仍然有 front=rear。

循环队列运算的实现与队列的实现有着不同之处，读者应不难区分。本节以循环队列入队和循环队列出队为例进行说明。

### 1．循环队列入队

首先检查循环队列是否已满，如果已满则不能入队，输出错误信息并返回。如果能够入队，则修改队尾指针，并把数据元素放到队尾位置。

```
void InsQueue( SeqQueue *q, DataType elem )
{
    if( q->front == (q->rear +1)%(MaxSize) )
```

```
            printf( "Overflow\n" );
            exit(1);
        }
        q->rear = (q->rear +1)%(MaxSize);
        q->queue[q->rear] = elem;
    }
```

### 2. 循环队列出队

首先检查循环队列是否为空，如果为空则不能出队，输出错误信息并返回。如果能够出队，则修改队头指针，并返回队头数据元素。

```
DataType delQueue ( SeqQueue *q )
{
    if( q->front == q->rear )
    {
        printf( "Empty queue\n" );
        exit(1);
    }
    q->front = (q->front+1)%(MaxSize);
    return q->queue[q->front];
}
```

## 3.4 队列的应用

表达式线性化是将中缀表达式转换为后缀表达式。在 3.2 节中，我们讨论了利用栈来求中缀表达式和后缀表达式的值的问题。本节介绍如何利用队列将中缀表达式转换为后缀表达式。

中缀表达式转换为后缀表达式需要考虑操作符的优先级，如表 3-2 所示，其中，"#"是表达式结束符，优先级最低。

为了叙述方便，本节将一个操作数和一个操作符都称为一个符号。

计算中缀表达式时，需要设置一个栈，用于存储操作符，称为操作符栈，记作 OPRT。还需要设置一个队列，用于存储后缀表达式中的符号，称为符号队列，记作 CHAR。

初始时，操作符栈 OPRT 的栈顶元素为表达式结束符 "#"。

计算中缀表达式的过程如下：从左到右依次扫描待计算表达式中的每一个符号 ch，根据 ch 的值做如下处理。

（1）如果 ch 是操作数，则将它入符号队列 CHAR，然后扫描下一个符号。

（2）如果 ch 是操作符，则做如下处理。

① 如果 ch 为表达式结束符 "#"，则把操作符栈 OPRT 中从栈顶到栈底的运算符依次入符号队列 CHAR，计算过程结束；

② 如果 ch 为右括号 ")"，则把操作符栈 OPRT 从栈顶到左括号 "(" 的运算符依次入符号队列 CHAR，并把左括号 "(" 出栈，然后扫描下一个符号；

③ 如果 ch 的优先级大于操作符栈 OPRT 栈顶元素的优先级，则将它入操作符栈 OPRT，然后继续扫描下一个符号；

④ 如果 ch 的优先级小于或等于操作符栈 OPRT 栈顶元素的优先级，则从操作符栈

OPRT 栈顶出栈一个操作符 ⊝，并把操作符 ⊝ 入符号队列 CHAR。从第①步开始继续处理本次扫描到的操作符 ch。

# 习　题

3.1　设有如下的函数：

```
void test( SeqStack S )
{
        int x, i, a[5] = {1,5,8,12,15};;
        initStack(&S);
        push( &S,3);
        push( &S,4);
        x = pop( &S ) + 2*pop( &S );
        push( &S,x);
        for( i=0; i<5; i++ )
                push( &S,2*a[i]);
        while( !isEmpty(S) )
                printf( "%d ", pop(&S) );
}
```

该函数被调用后得到的输出结果是什么？

3.2　设有两个栈 $S_1$、$S_2$ 都采用顺序栈方式，并且共享一个存储区[0···MaxSize-1]，为了尽量利用空间，减少溢出的可能性，可采用栈顶相向、迎面增长的存储方式。试设计 $S_1$、$S_2$ 有关入栈和出栈的操作算法。

3.3　设从键盘输入一个整数的序列：$a_1$，$a_2$，$a_3$，…，$a_n$。试编写算法实现：用栈结构存储输入的整数，当 $a_i \neq -1$ 时，将 $a_i$ 入栈；当 $a_i = -1$ 时，输出栈顶整数并出栈。算法需要针对异常情况（栈满等）给出相应的信息。

3.4　设表达式以字符形式存入数组 E[n]，"#" 为表达式的结束符，编写算法，判断表达式中括号（"（" 和 "）"）是否配对（算法中可调用栈操作的基本算法）。

3.5　假设以带头结点的循环链表表示队列，并且只设一个指针指向队尾结点，但不设头指针，编写其入队列和出队列算法。

3.6　假设允许在循环队列的两端进行插入和删除操作。编写算法完成以下要求。

（1）写出循环队列的类型定义。

（2）写出"从队尾删除"和"从队头插入"的算法。

3.7　已知 Q 是一个非空队列，S 是一个空栈。编写算法，调用队列和栈的函数，仅允许定义少量工作变量，将队列 Q 中的所有元素逆置。

栈的函数有：

```
makeEmpty(s:stack);                    //置空栈
push(s:stack;value:datatype);          //新元素value入栈
pop(s:stack):datatype;                 //出栈,返回栈顶值
isEmpty(s:stack):Boolean;              //判断栈空否
```

队列的函数有：

```
enqueue(q:queue:value:datatype);       //元素value入队
deQueue(q:queue):datatype;             //出队列,返回队头值
isEmpty(q:queue):boolean;              //判断队列空否
```

3.8 设整数序列 $a_1$，$a_2$，$\cdots$，$a_n$，编写求解最大值的递归算法。

3.9 已知求两个正整数 m 与 n 的最大公因子的过程为重复执行以下两个步骤。

第一步：若 n 等于零，则返回 m。

第二步：若 m 小于 n，则 m 与 n 相互交换；否则，保存 m，然后将 n 送 m，将保存的 m 除以 n 的余数送 n。

（1）编写实现上述过程的递归算法。

（2）编写实现上述过程的非递归算法。

3.10 设单链表的表头指针为 h，结点结构由 data 和 next 两个域构成，其中 data 域为字符型。写出算法 dc(h，n)，判断该链表的前 n 个字符是否中心对称。例如，xyx、xyyx 都是中心对称的。

# 第4章 字 符 串

随着计算机在非数值计算领域中的广泛应用，字符串已经成为众多应用程序系统的常见处理对象。字符串也是一种线性表。它的特殊之处在于表中的数据元素都是字符，而且字符串的操作常常以子串为单位进行。

## 4.1 字符串概述

字符串是一个长度有限的字符序列，记为

$$S="a_0a_1 \cdots a_{n-1}" \quad (n \geqslant 1)$$

字符串有以下常见概念。

（1）字符串名。字符串的名称，如字符串 a="algorithm"的名称为 a。

（2）字符串值。用双引号括起来的字符序列是字符串的值。字符串的值不包括双引号。如果字符串中出现了双引号，则需要转义字符。C 语言中双引号的转义字符为"\"。字符串只包含一个字符，也要用双引号括起来，如"a"表示一个字符串，而'a'仅表示一个字符，两者是不同的。

（3）字符串长度。一个字符串中包含的字符个数称为字符串的长度 n。如果 n=0，则称字符串为空串，空串记为Φ。

（4）空格串。空格串是只包含空格的串。空串的长度为 0，空格串的长度不为 0，空串和空格串是不同的串。

（5）字符串相等。如果两个字符串的长度相等，并且对应位置的字符也相等，则称两个字符串相等。

（6）子串。一个字符串中任意个连续的字符组成的字符序列称为该字符串的子串。包含子串的串称为主串。空串是任意字符串的子串。一个字符串是它自身的子串。

（7）子串的位置。一个字符在字符串序列中的序号为它在字符串中的位置。如 $a_0$ 和 $a_1$ 在字符串"$a_0a_1 \cdots a_{n-1}$"中的位置分别为 0 和 1。相应的，子串在主串中的位置由子串的第一个字符在主串中的位置表示。

例如，有 3 个字符串 S1="Hello World!"，S2="Hello"，S3="World"。S1、S2、S3 的长度分别为 12、5 和 5。S2 和 S3 都是 S1 的子串，它们在 S1 中的位置分别为 0 和 6。

字符串的常用运算如下。

（1）判断两个字符串是否相等。

（2）求字符串的长度。

（3）连接两个字符串。

（4）求子串。

（5）子串替换。

（6）子串定位。

## 4.2 字符串的存储结构

作为一种特殊的线性表，字符串也可以采用顺序存储结构和链式存储结构。

### 4.2.1 字符串的顺序存储结构

在字符串的顺序存储结构中，用一组连续的存储单元存储字符串的字符序列。采用顺序存储结构时，如果存储单元是静态分配的，则只能预先估计一个字符串可能的最大长度，并给所有的字符串分配最大长度的存储单元。如图4-1所示，3个字符串a、b和c的长度不同，但是要分配相同数量的存储单元。

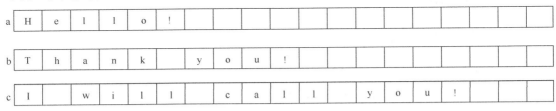

图4-1　字符串的顺序存储结构

如果字符串长度差异较大，即最长的字符串较长，而大多数字符串较短，使用静态存储分配就会浪费存储单元。如果预先估计的字符串的最大长度不够，则会使得较长的字符串无法存储。

在可以动态分配存储单元的系统中，可以通过动态分配存储单元解决这个问题。图4-2所示为字符串动态分配存储单元。动态分配时，按照字符串的长度分配存储单元，这样既不浪费空间又不会造成部分字符串存储失败。

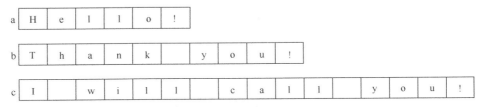

图4-2　动态分配的字符串存储空间

### 4.2.2 字符串的链式存储结构

字符串也可以采用链式存储结构。在字符串的链式存储结构中，每个结点包含一个字符域和一个指针域，字符域存放字符，指针域存放指向下一个结点的指针。在字符串的链式存储结构中，一个结点存储的字符数量称为该结点的大小。图4-3所示为结点大小为1的字符串链表。

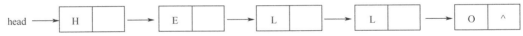

图4-3　结点大小为1的字符串链表

在结点大小为 1 的字符串链式存储结构中，每个结点的指针域所占用的存储单元数可能大于字符所占用的存储单元数，这使得存储单元的利用率较低。为了提高存储单元的利用率，可以提高结点大小，即使一个结点存储多个字符。图 4-4 所示为一个结点大小为 4 的字符串链表。在结点大小大于 1 的字符串链表中，最后一个结点可能存在一些空的存储单元。在这些空的存储单元中可以存储一些非字符串字符。

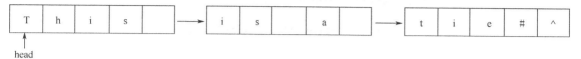

图 4-4　结点大小为 4 的字符串链表

在结点大小大于 1 的字符串链表中，一个字符串是被分块存放到若干结点中的，故这种链表又称为块链结构。

在字符串的链式存储结构中，有一个存储单元用来存储指针域，该单元并没有实际存储字符串中的字符。若结点大小较小，则需要指针域较多，存储单元的利用率较低。而若结点大小较大，则需要指针域较少，存储单元的利用率较高。常用存储密度衡量字符串链表存储单元利用率，存储密度的计算公式如下。

$$存储密度=\frac{字符所占用的存储单元数}{总的存储单元数}$$

例如，在结点大小为 1 的字符串链表中，字符占 1 个存储单元，总的存储单元数为 2，存储密度等于 0.5。而在结点大小为 4 的字符串链表中，字符占 4 个存储单元，总的存储单元数为 5，存储密度等于 0.8。

尽管字符串既可以采用顺序存储结构，又可以采用链式存储结构存储，但由于字符串的操作中，以子串为单位的操作较多，而以链式存储结构为基础实现子串的多种操作并不方便。故本节以静态分配的顺序存储结构为例说明字符串的运算，并假定实际字符串的长度不会超过预估的字符串最大长度。

字符串的结构体类型定义如下。

```
#define MaxSize 200 //200为预估的字符串最大长度
typedef struct{
    char v[MaxSize];
    int len; //字符串的长度
}MyString;
```

本节在此结构的基础上讨论字符串的常用运算的实现方法。

## 4.3　字符串的运算

字符串作为一种特殊的线性表，除了具有一般线性表的运算外，还有其特有的一些运算。下面将介绍字符串特有的一些运算。

### 1. 判断两个字符串是否相等

两个字符串相等的条件是它们的长度相等且对应位置的字符也相等，故判断两个字符串是否相等时先判断它们的长度是否相等，如相等再逐个判断两个字符串中的字符是否相等。

```
int equals( MyString *pStr1, MyString *pStr2 )
{
    int i = 0;
    if( pStr1->len == pStr2->len )  //先判断两个字符串的长度是否相等
    {
        for( i = 0; i < pStr1->len; i++ )
        //再逐个判断两个字符串中的字符是否相等
        {
            if( pStr1->v[i] != pStr2->v[i] )
                return 0;
        }
        return 1;
    }
    return 0;
}
```

### 2. 求字符串的长度

返回字符串的长度。

```
int getLength( MyString *pStr )
{
    return pStr->len;
}
```

### 3. 连接两个字符串

将 pStr2 所指向的字符串连接到 pStr1 所指向的字符串后面，并返回连接后的字符串。连接时将 pStr2 所指向字符串中的字符逐个复制到 pStr1 所指向的字符串后面，并增加 pStr1 所指向字符串的长度。

```
MyString* concat( MyString *pStr1, MyString *pStr2 )
{
    int i = 0;
    for( i = 0; i < pStr2->len; i++ )
    {
        pStr1->v[pStr1->len] = pStr2->v[i];
        pStr1->len++;
    }
    return pStr1;
}
```

### 4. 求子串

求一个字符串的子串有多种不同的情况：如取从一个指定位置开始到字符串末尾的所有字符构成的子串；从一个指定位置开始取给定长度的子串。本节以取从指定位置（start）开始到指定位置（end）结束（不包括结束位置）的子串为例说明求字符串子串的运算。

在下面的算法中，pMain 为主串，pSub 为子串。

```
MyString* substr( MyString *pSub, MyString *pMain, int start, int end )
{
    int i = 0;
    pSub->len = 0;
    if( start < 0 )  //检查开始位置是否合理
        start = 0;
```

```
    if( end > pMain->len ) //检查结束位置是否合理
        end = pMain->len;
    for( i = start; i < end; i++ ) //取从开始位置到结束位置之间的子串
    {
        pSub->v[pSub->len] = pMain->v[i];
        pSub->len++;
    }
    return pSub;
}
```

### 5. 子串定位

子串定位指给定两个字符串，即字符串 D 和字符串 M，求字符串 M 在字符串 D 中的位置。子串定位又称字符串的模式匹配，字符串 D 称为目标串，字符串 M 称为模式串，即在目标串 D 中找一个与模式串 M 相同的子串（称为匹配），成功则返回子串的位置，失败则返回失败。

穷举法是一种简单的字符串模式匹配算法。设模式串 M 的长度为 m，穷举法将目标串 D 中所有长度等于 m 的子串与模式串 M 进行比较，如果找到一个相等的，则匹配成功，结束匹配，反之则失败。

设目标串为 "abcdabcdabcdde"，模式串为 "abcdabde"，则使用穷举法匹配时，首先将模式串与主串中第一个长度为 m 的子串进行比较，如图 4-5 所示。

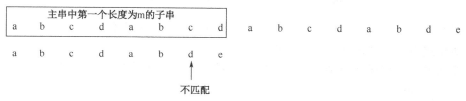

图 4-5　穷举法中出现的不匹配字符

当使用穷举法匹配出现不匹配时，将模式串与主串下一个长度为 m 的子串进行比较，即将模式串向后移动一个字符，如图 4-6 所示。

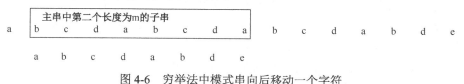

图 4-6　穷举法中模式串向后移动一个字符

穷举法又称蛮力算法，算法描述如下。

```
int bruteMatch( MyString *pDst, MyString *pMode )
{
    int i, j;
    int n = pDst->len;
    int m = pMode->len;
    for( i = 0; i <= n-m; i++ ) //遍历目标串中所有长度为m的子串
    {
        j = 0;
        while( j < m && (pDst->v[i+j] == pMode->v[j]) )
        //比较模式串和目标串的子串
            j++;
```

```
                    if( j >=m )
                        return i;
            }
        return -1;
    }
```

对于长度为 n 的目标串和长度为 m 的模式串，穷举法在最坏情况下的时间复杂度为 O（n*m）。例如，目标串为"ddd…k"，模式串为"ddddk"，此时会出现最坏的情况。穷举法将用目标串中所有 n-m+1 个长度为 m 的子串与模式串进行比较，最后一次才能确定匹配成功。

穷举法在匹配的过程中进行了大量重复的比较，故其效率较低，有很大的改进空间。1977 年，3 位研究人员提出了改进的算法，该算法以他们名字的首字母命名，称为 KMP 算法。

KMP 算法的基本思想如下：设目标串为"abcdabcdabcdde"，模式串为"abcdabde"。如图 4-7 所示，在用模式串与目标串进行比较时，出现了第一个不匹配的字符。

图 4-7　字符串匹配中的第一个不匹配字符

当不匹配字符出现时，KMP 算法将模式串向后移动尽可能多的字符数。在介绍 KMP 算法移动模式串的方法之前，先介绍以下几个概念。

已匹配子串：把模式串中第一个不匹配字符之前的子串称为已匹配子串，图 4-7 中的已匹配子串为"abcdab"。

已匹配子串的前缀：已匹配子串中所有包含其第一个字符的子串（不含已匹配子串本身），称为已匹配子串的前缀。例如，"abcdab"的前缀有 a、ab、abc、abcd、abcda。如果已匹配子串的长度为 k，则它的前缀一共有 k-1 个。

已匹配子串的后缀：已匹配子串中所有包含其最后一个字符的子串（不含已匹配子串本身），称为已匹配子串的后缀。例如，"abcdab"的后缀有 b、ab、dab、cdab、bcdab。同样的，长度为 k 的已匹配子串一共有 k-1 个后缀。

部分匹配串：已匹配子串的前缀和后缀中最长且相等的一个子串称为已匹配子串的部分匹配串。例如，"abcdab"的部分匹配串为"ab"。

当出现不匹配时，穷举法将模式串向后移动一个字符的位置，然后开始新一轮比较，故其效率较低。

与穷举法相反，当不匹配出现时，KMP 算法将模式串向后移动尽可能多的字符数，然后开始新一轮比较，大大提高了效率。KMP 算法向后移动的字符数为

移动字符数=已匹配子串长度-对应部分匹配串长度

当如图 4-7 所示的不匹配发生时，已匹配子串"abcdab"长度为 6，对应部分匹配串"ab"长度为 2，故模式串应向后移动 4 个字符位置，如图 4-8 所示。

移动后从上一次发生不匹配的位置开始向后进行比较，如图 4-8 所示。重新开始比较时，模式串前面的子串（如图 4-8 中的"ab"）是部分匹配串，已经匹配成功了，此时不需再

比较了。

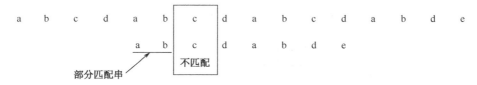

图 4-8  出现不匹配时向后移动模式串

由图 4-8 中可以看出，KMP 算法从两个方面减少了比较次数，从而提高了效率。首先，将模式串向后移动 4 个字符，将模式串向后移动小于 4 个字符不可能匹配成功，故移动小于 4 个字符所进行的比较都是无效的，KMP 算法减少了这部分无效的比较。其次，将模式串向后移动后，减少了对模式串的前缀，即部分匹配串的比较。KMP 算法又减少了这部分的比较。

对比图 4-6 和图 4-8 可知，当出现不匹配时，KMP 算法将模式串向后移动较多的字符数，减少了无效的比较次数，极大地提高了效率。

在 KMP 匹配算法中，一个重要的环节是求已匹配子串的部分匹配串的长度。下面的算法的作用是对于给定的模式串（pMode 所指向的字符串），求出它所有前缀的部分匹配串的长度，并保存在数组 n 中。

```
void partStringLen( MyString * pMode, int n[] )
{
    int i=1, j=0;
    int m = pMode ->len;
    n[0] = 0;
    while( i < m )
    {
        if(pMode ->v[i] == pMode ->v[j] )
        {
            n[i] = j + 1;
            i++;
            j++;
        }
        else if( j > 0 )
            j = n[j-1];
        else
            n[i++] = 0;
    }
}
```

在 KMP 匹配算法中，所有已匹配子串都是模式串的前缀，故当需要计算某一个已匹配子串的部分匹配串的长度时，只要查找数组 n 中对应的元素即可。所以，求模式串的所有前缀的部分匹配串长度的算法只需计算一次，但是可以多次应用，提高了算法效率。

KMP 匹配算法描述如下。

```
int kmpMatch( MyString *pDst, MyString *pMode )
{
    int n = pDst->len;
    int m = pMode->len;
    int i = 0, j = 0, nxt[MaxSize];
    partStringLen( pMode, nxt );
```

```
                while( i < n )
                {
                    if(pDst->v[i] == pMode->v[j] )
                    {
                        if( j == m-1 )
                            return i - j;
                        i++;
                        j++;
                    }
                    else
                    {
                        if( j > 0 )
                            j = nxt[j-1];
                        else
                            i++;
                    }
                }
                return -1;
            }
```

在 KMP 匹配算法中，预处理算法 partStringLen 的时间复杂度为 O（m），匹配算法的时间复杂度为 O（n），所以，KMP 匹配算法的时间复杂度为 O（m+n），其效率高于穷举匹配算法。

### 6. 子串替换

子串替换是指将字符串 s 中的所有子串 t，用另一个字符串 r 替换，字符串 r 称为替换字符串。

首先调用子串定位算法定位子串 t 在字符串 s 中的位置。确定子串 t 在字符串 s 中，才能开始做子串替换。在做子串替换时，因为不知道子串 t 和替换串 r 的长度关系，应先把子串 t 后面的所有字符保存到一个临时字符串中，再把替换串 r 复制到子串 t 的位置，最后把临时串中的字符复制到字符串 s 中。

子串替换的算法描述如下。

```
MyString* replace( MyString *s, MyString *t, MyString *r )
{
    MyString tmp;
    int begin, i;
    while( (begin=kmpMatch( s, t )) >= 0 )
    {
        tmp.len = s->len - t->len - begin;
        for( i = 0; i < tmp.len; i++ )  //将子串t后面的字符保存到临时数组中
            tmp.v[i] = s->v[begin+t->len+i];
        for( i = 0; i < r->len; i++ )  //将替换串r复制到子串t所在的位置
            s->v[begin+i] = r->v[i];
        for( i = 0; i < tmp.len; i++ )  //将临时串中的字符复制到字符串s中
            s->v[begin+r->len+i] = tmp.v[i];
        s->len = s->len - t->len + r->len; //更新字符串s的长度
    }
    return s;
}
```

# 习 题

4.1 已知 S="(xyz)+*"，试利用联接(concat(S，T))，取子串(substr(S，i，j))和置换(replace(S，i，j，T))基本操作将 S 转化为 T="(x+2)*y"。

4.2 设字符串 S 的长度为 n，其中的字符各不相同，求 S 中互异的非平凡子串（非空且不同于 S 本身的字符串）的个数。

4.3 设模式串 T="abcaaccbaca"，请给出它的 next 函数及 next 函数的修正值 nextval 的值。

4.4 如果字符串的一个子串（其长度大于 1）的各个字符均相同，则称之为等值子串。试设计一个算法：输入字符串 S，以'!'为结束标志，如果串 S 中不存在等值子串，则输出信息"无等值子串"，否则求出(输出)一个长度最大的等值子串。

例如，若 S="xyzl23xyzl23！"，则输出"无等值子串"。

又如，若 S="xyzxxyzzzwwwwwxxxyy!"，则输出等值子串"wwwww"。

4.5 编写算法 voidinsert(char *s，char *t，int pos)，将字符串 t 插入到字符串 s 中，插入位置为 pos。假设分配给字符串 s 的空间足够使字符串 t 插入（不得使用任何库函数）。

4.6 编写算法，从字符串 s 中删除所有和字符串 t 相同的子串。

4.7 编写算法，实现字符串的基本操作 Replace(&S,T,V)。

4.8 编写算法，在顺序存储结构上实现求子串算法。

# 第5章 数组和广义表

数组和广义表是两种特殊的线性表。数组的特殊性在于它的长度是固定的。广义表的特殊性在于它的数据元素的类型可以不同。

## 5.1 数组

### 5.1.1 多维数组的顺序存储

一维数组的存储比较简单，按照数据元素在数组中的顺序存储在一组连续的地址单元中。对于二维数组而言，其采用顺序存储时，有两种方式：第一种是以行为主；第二种是以列为主。

在以行为主的顺序存储中，将二维数组的每一行看做一个数据元素。例如，对于一个 m 行 n 列的二维数组，可以把它看做一个具有 m 个数据元素的线性表。存储时，依次存储 m 个数据元素。每个数据元素又是一个具有 n 个元素的一维数组，按照一维数组的方法进行顺序存储。

在以列为主的顺序存储中，将二维数组的每一列看做一个数据元素。例如，对于一个 m 行 n 列的二维数组，可以把它看做一个具有 n 个数据元素的线性表。存储时，依次存储 n 个数据元素。每个数据元素又是一个具有 m 个元素的一维数组，按照一维数组的方法进行顺序存储。

对于三维及以上的数组，可以按照类似的思路进行存储。

本节以二维数组为例介绍数组的顺序存储。

#### 1. 以行为主的顺序存储

设有 m 行 n 列的二维数组 A：

$$A = \begin{bmatrix} a_{11} & a_{12} & \cdots & a_{1n} \\ a_{21} & a_{22} & \cdots & a_{2n} \\ \cdots & \cdots & \cdots & \cdots \\ a_{m1} & a_{m2} & \cdots & a_{mn} \end{bmatrix}$$

可以把二维数组 A 看做一个具有 m 个数据元素的线性表，即 $A=(\alpha_1, \alpha_2, \cdots, \alpha_m)$，其中：$\alpha_1=(a_{11}, a_{12}, \cdots, a_{1n})$，$\alpha_2=(a_{21}, a_{22}, \cdots, a_{2n})$，$\cdots$，$\alpha_m=(a_{m1}, a_{m2}, \cdots, a_{mn})$。

线性表 $A=(a_1, a_2, \cdots, a_m)$ 的顺序存储结构如图 5-1（a）所示。因为该线性表的每个数据元素又是一个线性表，因此也可以对它按顺序结构进行存储。这样，整个二维数组的存储形式如图 5-1（b）所示。

（a）初始存储形式

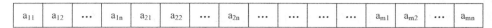

（b）**最终存储形式**

图 5-1　二维数组以行为主的顺序存储方式

二维数组按顺序结构存储时，整个二维数组存储在一组连续的存储单元中，相邻数组元素的存储地址也是相邻的，故可以根据数组元素 $a_{11}$ 的存储地址求出其他数组元素的地址。假设以 ADDR（$a_{ij}$）表示数组元素 $a_{ij}$ 的存储地址，则可根据以下公式计算该地址：

$$ADDR(a_{ij})=ADDR(a_{11})+[(i-1)\times n+j-1]\times k$$

其中，K 表示每个数组元素所需的存储单元数。

**2．以列为主的顺序存储**

设有 m 行 n 列的二维数组 A：

$$A=\begin{bmatrix} a_{11} & a_0 & \cdots & 0 \\ a_{21} & a_{22} & \cdots & 0 \\ \cdots & \cdots & \cdots & \cdots \\ a_{n1} & a_{n2} & \cdots & a_{nn} \end{bmatrix}$$

可以把二维数组 A 看做一个具有 n 个数据元素的线性表，即 A=（$\beta_1$, $\beta_2$, $\cdots$, $\beta_n$），其中：$\beta_1$=（$a_{11}$, $a_{21}$, $\cdots$, $a_{m1}$），$\beta_2$=（$a_{12}$, $a_{22}$, $\cdots$, $a_{m2}$），$\cdots$，$\beta_n$=（$a_{1n}$, $a_{2n}$, $\cdots$, $a_{mn}$）。

线性表 A=（$\beta_1$, $\beta_2$, $\cdots$, $\beta_n$）的顺序存储结构如图 5-2（a）所示。因为该线性表的每个数据元素又是一个线性表，也可以对它按顺序结构进行存储。这样，整个二维数组的存储形式如图 5-2（b）所示。

（a）**初始存储形式**

（b）**最终存储形式**

图 5-2　二维数组以列为主的顺序存储方式

二维数组按顺序存储时，整个二维数组是存储在一组连续的存储单元中的，相邻数组元素的存储地址也是相邻的，故可以根据数组元素 $a_{11}$ 的存储地址求出其他数组元素的地址。假设以 ADDR（$a_{ij}$）表示数组元素 $a_{ij}$ 的存储地址，则根据以下公式计算该地址：

$$ADDR(a_{ij})=ADDR(a_{11})+((i-1)\times n+j-1)\times k$$

其中，K 表示每个数组元素所需的存储单元数。

矩阵的以行为主的顺序存储也称为按行优先的顺序存储，以列为主的顺序存储也称为按列优先的顺序存储。

## 5.1.2　特殊矩阵的压缩存储

矩阵是数学中常见的处理对象。矩阵在形式上和二维数组一致，故常用二维数组来表示和处理矩阵。对于某些特殊的矩阵，如元素分布有规律或者有大量的元素为 0，在存储的时候无需将它的所有元素都存储起来，这样可以节省大量的存储单元，这种存储方式称为矩阵的压缩存储。

对于特殊矩阵的压缩存储，要根据矩阵元素的分布情况，设计具体的压缩存储策略。这里以几种常见的特殊矩阵为例，介绍矩阵压缩存储和访问的方法。

### 1．三角矩阵

三角矩阵分为上三角矩阵和下三角矩阵。在上三角矩阵中，对角线以下的元素全为0。在下三角矩阵中，对角线以上的元素全为0。例如，有一个下三角矩阵 A：

$$A = \begin{bmatrix} a_{11} & 0 & \cdots & 0 \\ a_{21} & a_{22} & \cdots & 0 \\ \cdots & \cdots & \cdots & \cdots \\ a_{n1} & a_{n2} & \cdots & a_{nn} \end{bmatrix}$$

下三角矩阵的元素 $a_{ij}$ 的分布规律如下。

$$a_{ij} = \begin{cases} 0 & (i < j) \\ \text{非0} & (i \leqslant j) \end{cases}$$

在下三角矩阵中，约有一半的 0 元素，且其位置是有规律的，故在存储时，无需存储这些 0 元素。

在下三角矩阵中，非 0 元素的个数为 $n(n+1)/2$ 个，故可以用一个长度为 $n(n+1)/2$ 的一维数组 B 来存储其非 0 元素。设下三角矩阵的非 0 元素 $a_{ij}$（$1 \leqslant i$、$j \leqslant n$）存储在一维数组 B 中的下标为 $k[0 \leqslant k < n(n+1)/2]$ 的位置，则 k 与 i、j 之间的关系如下。

$$k = \frac{i(i-1)}{2} + j - 1$$

由此，可以通过下式得到矩阵 A 的元素。

$$a_{ij} = \begin{cases} 0 & (i < j) \\ B(k) & (i \geqslant j) \end{cases}$$

### 2．对角矩阵

对角矩阵是指主对角线及对称于主对角线的若干对角线上的元素非 0，其余元素为 0 的矩阵。三对角矩阵是最简单的对角矩阵，其非 0 元素分布在以主对角线为中心的 3 条对角线上。例如，下面的矩阵 A 就是一个三对角矩阵。

$$A = \begin{bmatrix} a_{11} & a_{12} & & & & 0 \\ a_{21} & a_{22} & a_{23} & & & \\ & \cdots & \cdots & \cdots & & \\ & & & a_{n-1n-2} & a_{n-1n-1} & a_{n-1n} \\ 0 & & & & a_{nn-1} & a_{nn} \end{bmatrix}$$

三对角矩阵的元素 $a_{ij}$ 的分布规律如下。

$$a_{ij} = \begin{cases} \text{非0} & (i-1 \leqslant j \leqslant i+1) \\ 0 & \text{其他} \end{cases}$$

下面以三对角矩阵为例说明对角矩阵的存储和访问方法。

三对角矩阵中非 0 元素共有 $3n-2$ 个，故可以用一个长度为 $3n-2$ 的一维数组 B 来存储其非 0 元素。设三对角矩阵的非 0 元素 $a_{ij}$（$1 \leqslant i \leqslant n$，$i-1 \leqslant j \leqslant i+1$）存储在一维数组 B 中的下标为 k（$0 \leqslant k < 3n-2$）的位置，则 k 与 i、j 之间的关系如下。

$$k=\{3(i-1)-1+[j-(i-1)]\}=2i+j-3$$

上面的公式可以如下解释：由于一维数组 B 的下标是从 0 开始的，如果一个元素的下标为 k，则它前面一共有 k 个元素，如下标为 0 的元素前面有 0 个元素，下标为 1 的元素前面有 1 个元素，等等。

三对角矩阵的非 0 元素 $a_{ij}$ 前面一共有多少个元素呢？在第 i 行前面一共有 3(i-1)-1 个，而在第 i 行，元素 $a_{ij}$ 之前一共有 j-(i-1) 个。故上面的公式成立。

由此，可以通过下式得到矩阵 A 的元素。

$$a_{ij}=\begin{cases} B(k) & (i-1\leqslant j\leqslant i+1) \\ 0 & 其他 \end{cases}$$

### 3．对称矩阵

对称矩阵是矩阵中的元素以主对角线为对称轴而对称分布的矩阵。对称矩阵元素的分布规律如下。

$$a_{ij}=a_{ji}(1\leqslant i,\ j\leqslant n)$$

实现压缩存储时，只存储对称位置两个元素中的一个，只存储主对角线及其以下的元素，存储的元素数量与下三角矩阵相同，需要一个长度为 n(n+1)/2 的一维数组 B。

设对称矩阵主对角线及以下的元素 $a_{ij}$（$1\leqslant i\leqslant n$，$j\leqslant i$）存储在一维数组 B 中的下标为 $k[0\leqslant k<n(n+1)/2]$ 的位置，则 k 与 i、j 之间的关系如下。

$$a_{ij}=\frac{i(i-1)}{2}+i-1$$

设对称矩阵主对角线以上的元素 $a_{ij}$（$1\leqslant i\leqslant n$，$i<j$）存储在一维数组 B 中的下标为 $t[0\leqslant t<n(n+1)/2]$ 的位置，元素 $a_{ij}$ 的存储下标与它的对称元素 $a_{ji}$ 的存储下标相同，则 t 与 i、j 之间的关系如下。

$$a_{ij}=\frac{j(j-1)}{2}+i-1$$

由此，可以通过下式得到矩阵 A 的元素。

$$a_{ij}=\begin{cases} B(t) & (i-j) \\ B(k) & (i\geqslant j) \end{cases}$$

### 4．稀疏矩阵

稀疏矩阵是非 0 元素数量很少且分布无规律的矩阵。例如，下面的矩阵 A 就是一个稀疏矩阵。

$$A=\begin{bmatrix} 20 & 0 & 0 & 0 & 0 & 0 \\ 0 & 0 & 35 & 0 & 0 & 7 \\ 0 & 0 & 0 & 0 & 0 & 0 \\ 0 & 14 & 0 & 6 & 0 & 0 \\ 0 & 0 & 0 & 0 & 82 & 0 \\ 9 & 0 & 73 & 0 & 0 & 0 \end{bmatrix}$$

稀疏矩阵中的非 0 元素很少且分布没有规律，压缩存储时不能用一个统一的公式来概括元素的存储位置。常用三元组表示法来存储稀疏矩阵。

在三元组表示法中，用一个三元组 (i, j, v) 来表示一个非 0 元素 $a_{ij}$，其中，i 是该元素在矩阵中的行号，j 是该元素在矩阵中的列号，v 是该元素的值。

按照行（或列）优先的顺序，将稀疏矩阵的所有三元组排列起来可以得到一个线性表，线性表的元素为三元组，稀疏矩阵 A 的三元组线性表如图 5-3 所示。

图 5-3　稀疏矩阵的三元组线性表

稀疏矩阵的三元组线性表既可以采用顺序存储结构，又可以采用链式存储结构。本节以顺序存储结构为例说明以三元组表示的稀疏矩阵的运算。采用顺序存储结构的三元组线性表称为三元组顺序表。

稀疏矩阵采用三元组顺序表存储后，访问矩阵的元素 $a_{ij}$ 的方法有以下两种。

（1）顺序访问法。从三元组顺序表的第一个元素按顺序逐个查找，依次比较每个三元组的行下标和列下标是否与要查找的元素相同，如相同则返回该三元组元素的值。若在三元组顺序表中找不到要查找的元素，则该元素的值为 0。

采用顺序访问法要从头开始遍历所有结点，效率较低。

（2）标记访问法。建立两个标记数组，即 p[m+1] 和 t[m+1]，m 为稀疏矩阵的行数，p[i] 表示稀疏矩阵第 i 行第一个非 0 元素在三元组线性表中的下标（注意，p[0] 未使用），t[i] 表示稀疏矩阵第 i 行非 0 元素的个数（注意，t[0] 未使用）。

当要访问矩阵的元素 $a_{ij}$ 时，直接从 p[i] 指示的元素开始查找，一共仅需查找 t[i] 个元素，如果找到则返回该元素的值，否则该元素的值为 0。

采用标记访问法只需要遍历 t[i] 个结点，效率较高。

三元组结点类型定义如下。

```
#define M 6 //矩阵的行数
#define N 6 //矩阵的列数
#define MaxSize 200
typedef int DataType; //矩阵数据元素类型,本节以整型为例
typedef struct{
    int i, j;
    DataType v;
}TripleElem;
矩阵类型定义如下。
typedef struct
{
    TripleElem matData[MaxSize]; //矩阵的三元组顺序表
    int p[M+1], t[M+1]; //标记数组
    int m, n, k;
}Matrix;
```

矩阵的运算有很多种，如相加、相减、相乘、转置、求逆等。本节以两个稀疏矩阵相加为例介绍矩阵的运算。

图 5-4 所示为一个稀疏矩阵 A 及其三元组线性表。

$$A = \begin{bmatrix} 20 & 0 & 0 & 0 & 0 & 0 \\ 0 & 0 & 35 & 0 & 0 & 7 \\ 0 & 0 & 0 & 0 & 0 & 0 \\ 0 & 14 & 0 & 6 & 0 & 0 \\ 0 & 0 & 0 & 0 & 82 & 0 \\ 9 & 0 & 73 & 0 & 0 & 0 \end{bmatrix}$$

图 5-4　稀疏矩阵 A 及其三元组线性表

图 5-5 所示为一个稀疏矩阵 B 及其三元组线性表。

$$B = \begin{bmatrix} 0 & 10 & 0 & 0 & 0 & 0 \\ 0 & 0 & 12 & 0 & 0 & 3 \\ 0 & 0 & 20 & 0 & 0 & 0 \\ 0 & 7 & 0 & 53 & 0 & 0 \\ 10 & 0 & 0 & 0 & 0 & 0 \\ 0 & 0 & 15 & 0 & 0 & 0 \end{bmatrix}$$

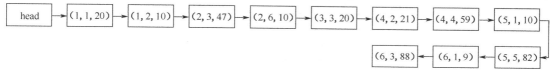

图 5-5　稀疏矩阵 B 及其三元组线性表

稀疏矩阵 A 与稀疏矩阵 B 相加的和为稀疏矩阵 C，稀疏矩阵 C 及其三元组线性表如图 5-6 所示。

$$C = \begin{bmatrix} 20 & 10 & 0 & 0 & 0 & 0 \\ 0 & 0 & 47 & 0 & 0 & 10 \\ 0 & 0 & 20 & 0 & 0 & 0 \\ 0 & 21 & 0 & 59 & 0 & 0 \\ 10 & 0 & 0 & 0 & 82 & 0 \\ 9 & 0 & 88 & 0 & 0 & 0 \end{bmatrix}$$

head → (1, 1, 20) → (1, 2, 10) → (2, 3, 47) → (2, 6, 10) → (3, 3, 20) → (4, 2, 21) → (4, 4, 59) → (5, 1, 10) →

(6, 3, 88) ← (6, 1, 9) ← (5, 5, 82) ←

图 5-6　稀疏矩阵 C 及其三元组线性表

输入稀疏矩阵的数据元素后，设置标记数组的算法如下。

```
void initMark( Matrix *pMat )
{
    int i, j;
    for( i = 1; i <= pMat->m; i++ )
        pMat->t[i] = 0;
    for( j = 0; j < pMat->k; j++ )
        pMat->t[pMat->matData[j].i]++;
    pMat->p[1] = 0;
    for( i = 2; i <= pMat->m; i++ )
        pMat->p[i] = pMat->p[i-1] + pMat->t[i-1];
}
```

设置标记数组后，访问稀疏矩阵第 i 行第 j 列元素的算法如下。

```
DataType getElem( Matrix *pMat, int i, int j )
{
    int q;
    for( q = pMat->p[i]; q < pMat->p[i]+pMat->t[i]; q++ )
    {
        if( pMat->matData[q].i == i && pMat->matData[q].j == j )
            return pMat->matData[q].v;
    }
    return 0;
}
```

用三元组顺序表表示后，两个稀疏矩阵相加的算法有多种不同的实现方法。下面介绍两种方法以供读者对比研究。为了叙述方便，两个稀疏矩阵称为加数矩阵，加数矩阵相加的和称为和矩阵。

（1）矩阵法。使用这种方法时，将两个三元组顺序表还原成稀疏矩阵，然后对两个稀疏矩阵应用矩阵相加的方法，依次求两个矩阵对应元素的和，如果和不为零，则生成和矩阵的一个三元组。

矩阵法的算法描述如下。

```
void addMat1( Matrix *pMat1, Matrix *pMat2, Matrix *pMat3 )
{
    int i, j;
    TripleElem tmp;
    DataType k;
    pMat3->k = 0;
    for( i = 1; i <= pMat1->m; i++ )
        for( j = 1; j <= pMat1->n; j++ )
        {
            k = getElem(pMat1, i, j) + getElem(pMat2, i, j);
            if( 0 != k )
            {
                tmp.i = i;
                tmp.j = j;
                tmp.v = k;
                pMat3->matData[pMat3->k] = tmp;
                pMat3->k++;
            }
        }
}
```

矩阵法比较简单，容易理解，但是它的时间复杂度为 O（m×n），效率较低。

（2）三元组法。在这种方法中，从两个稀疏矩阵的三元组顺序表的第一个元素开始，选出两个元素进行比较，如果两个元素的行号和列号都相等，则对两个元素的值相加；如果结果不等于 0，则生成和矩阵三元组顺序表中的一个元素，然后同时从两个顺序表中取下一个元素进行比较；如果两个元素的行号不相等或者行号相等但列号不相等，则将行号较小或者行号相等时列号较小的元素加入到和矩阵的三元组顺序表中，并从该元素所在队列取下一个元素进行比较。

三元组法的算法描述如下。

```
void addMat( Matrix *pMat1, Matrix *pMat2, Matrix *pMat3 )
{
    int p = 0, q = 0;
    TripleElem tmp;
    pMat3->k = 0;
    while( (p < pMat1->k) && (q < pMat2->k) )
    {
        if( (pMat1->matData[p].i < pMat2->matData[q].i) ||
            ( (pMat1->matData[p].i == pMat2->matData[q].i) &&
(pMat1->matData[p].j < pMat2->matData[q].j)) )
        //第一个三元组顺序表中的元素行号较小,或者行号相等但列号较小
        {
```

```
                    tmp.i = pMat1->matData[p].i;
                    tmp.j = pMat1->matData[p].j;
                    tmp.v = pMat1->matData[p].v;
                    pMat3->matData[pMat3->k] = tmp;
                    pMat3->k++;
                    p++;
                }
                else if( (pMat1->matData[p].i > pMat2->matData[q].i) ||
                       ( (pMat1->matData[p].i == pMat2->matData[q].i) &&
(pMat1->matData[p].j > pMat2->matData[q].j)) )
                    //第一个三元组顺序表中的元素行号较大,或者行号相等但列号较大
                {
                    tmp.i = pMat2->matData[q].i;
                    tmp.j = pMat2->matData[q].j;
                    tmp.v = pMat2->matData[q].v;
                    pMat3->matData[pMat3->k] = tmp;
                    pMat3->k++;
                    q++;
                }
                else if( (pMat1->matData[p].i == pMat2->matData[q].i) &&
(pMat1->matData[p].j == pMat2->matData[q].j) ) //两个三元组中的元素行号和列号都相等
                {
                    tmp.i = pMat1->matData[p].i;
                    tmp.j = pMat1->matData[p].j;
                    tmp.v = pMat1->matData[p].v + pMat2->matData[q].v;
                    if( 0 != tmp.v )
                    {
                        pMat3->matData[pMat3->k] = tmp;
                        pMat3->k++;
                    }
                    p++;
                    q++;
                }
        }
        //第一个加数矩阵的三元组顺序表中还有元素,全部加到和矩阵的三元组顺序表中
        while( p < pMat1->k )
        {
            tmp.i = pMat1->matData[p].i;
            tmp.j = pMat1->matData[p].j;
            tmp.v = pMat1->matData[p].v;
            pMat3->matData[pMat3->k] = tmp;
            pMat3->k++;
            p++;
        }
```

```
                    //第二个加数矩阵的三元组顺序表中还有元素，全部加到和矩阵的三元组顺序表中
                    while( q < pMat2->k )
                    {
                        tmp.i = pMat2->matData[q].i;
                        tmp.j = pMat2->matData[q].j;
                        tmp.v = pMat2->matData[q].v;
                        pMat3->matData[pMat3->k] = tmp;
                        pMat3->k++;
                        q++;
                    }
                }
```

三元组法只需要遍历两个稀疏矩阵对应的三元组顺序表。如果两个矩阵的非 0 元素个数，即两个表的长度分别为 k1 和 k2，则三元组法的时间复杂度为 O（k1+k2），效率较高。

## 5.2　广义表

### 5.2.1　广义表的概念

广义表是由有限个元素构成的一个序列。一个包含 n 个元素 $a_1$，$a_2$，…，$a_n$ 的广义表记为 LS=（$a_1$，$a_2$，…，$a_n$），其中，LS 是广义表名，$a_1$，$a_2$，…，$a_n$ 是广义表的元素。广义表的元素既可以是单个元素，又可以是一个广义表。如果广义表的元素是单个元素，则称为广义表的原子；如果广义表的元素是一个广义表，则称为广义表的子表。习惯上，用小写字母表示原子，大写字母表示子表。

广义表中元素的个数 n 称为广义表的长度，长度为 0 的广义表称为空表。当广义表不为空时，它的第一个元素 $a_1$ 称为广义表的表头，其余元素构成的表（$a_2$，$a_3$，…，$a_n$）称为广义表的表尾。

广义表的深度是指广义表中括号嵌套的重数。空表和只有原子的广义表的深度都为 1。

广义表的示例如下。

（1）P=（）。该广义表的长度为 0，是一个空表。为了叙述方便，空的广义表也可以记为 P（）。广义表 P（）的深度为 1。

（2）Q=（a，b）。广义表 Q 的长度为 2，只包含两个原子。可将其记为 Q（a，b）。广义表 Q 的表头为 a，表尾为（b），表头是一个原子，表尾是包含一个元素的子表。广义表 Q（a，b）的深度为 1。

（3）R=（c，Q）。广义表 R 的长度为 2，包含一个原子和一个子表，可记为 R（c，Q）。广义表 Q 的表头为 c，表尾为（Q），表头是一个原子，表尾是包含一个子表的子表。广义表 R（c，Q）的深度为 2。

（4）S=（（），R，d）。广义表 S 的长度为 3，包含两个子表和一个原子，可记为 S（（），R，d）。广义表 S 的表头是（），表尾是（R，v），表头是一个空表，表尾是一个长度为 2 的子表。广义表 S（（），R，d）的深度为 3。

为了方便交流，可以用直观的图形来表示广义表的逻辑结构，该图称为广义表图。广义表图包含以下 3 种元素。

○：圆圈，用于描述广义表中的子表结点及广义表自身。

□：方块，用于描述广义表中的原子结点。

——：连线，用于描述广义表中结点之间的联系。

前面的 4 个广义表 P、Q、R 和 S 如图 5-7 所示。

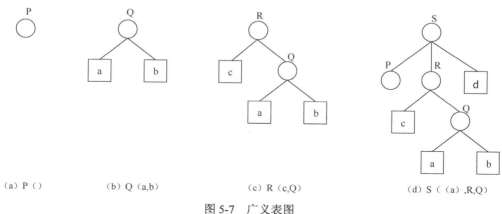

| (a) P ( ) | (b) Q (a,b) | (c) R (c,Q) | (d) S ((a),R,Q) |

图 5-7　广义表图

广义表图中圆圈结点的最大层数就是广义表的深度。从图 5-7 可以看出，广义表 P 和 Q 的深度为 1，广义表 R 的深度为 2，广义表 S 的深度为 3，与广义表中括号嵌套的重数一致。

## 5.2.2　广义表的存储

因为广义表的元素类型可能不一致，不适宜用顺序存储结构来存储广义表，故常常采用链式存储结构来存储广义表。

因为广义表的元素有原子和子表两种类型，故应设计两种存储结点类型来表示原子和子表元素，每种结点类型设一个类型域以标明结点的类型。

原子结点类型包含类型域、数据域及指针域。类型域指明该结点的类型，数据域存储结点的数据，指针域存储指向其后继结点的指针。

子表结点类型包含类型域、子表指针域和后继指针域。类型域说明结点的类型。子表是一个表，而不是一个数据，无需数据域存储数据。子表也需要用链式结构存储，故子表指针域存储子表链表的第一个结点。后继指针域存储指向其后继结点的指针。

有时，在链表第一个结点之前附设一个头结点，称为表头结点。表头结点与子表结点的类型相同，包含类型域、子表指针域和后继指针域。类型域说明其类型，子表指针域存储指向表第一个结点的指针，后继指针域为空。

广义表的 3 种结点结构如图 5-8 所示，头结点的类型为 0，原子结点的类型为 1，子表结点的类型为 2。

| （a）头结点类型 | （b）原子结点类型 | （c）子表结点类型 |

图 5-8　广义表的 3 种结点结构

广义表 P=（ ）的链式存储结构如图 5-9 所示。

图 5-9　P 的链式存储结构图

广义表 Q=（a，b）的链式存储结构如图 5-10 所示。

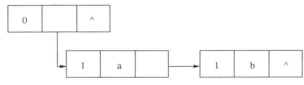

图 5-10　Q 的链式存储结构图

广义表 R=（c，Q）的链式存储结构如图 5-11 所示。

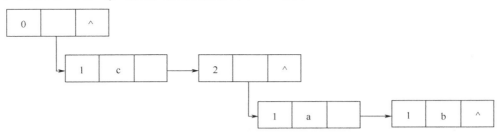

图 5-11　R 的链式存储结构图

广义表 S=（（），R，d）的链式存储结构如图 5-12 所示。

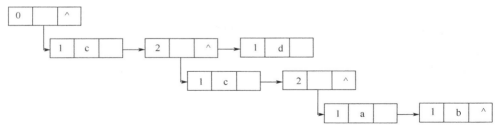

图 5-12　S 的链式存储结构

广义表的结点类型定义如下。

```
enum NodeType{ head, atom, sub }; //广义表的结点类型
typedef char DataType; //广义表的原子结点数据类型,本节以字符型为例
typedef struct GNode
{
    enum NodeType type;
    union
    {
        DataType data;
        struct GNode * sub;
    }datsub;
    struct GNode *next;
}GNode;
```

本书以上述结点类型为基础讨论广义表的运算。

### 5.2.3 广义表的运算

#### 1. 广义表初始化

生成头结点，将它的类型设置为 0，并将它的子表指针域和后继指针域都设置为空。

```
GNode* initGList()
{
    GNode *head;
    head = (GNode*)malloc( sizeof(GNode) );
    head->type = 0;
    head->datsub.sub = NULL;
    head->next = NULL;
    return head;
}
```

#### 2. 求广义表的长度

广义表的长度是广义表的链式存储结构中第一层的结点数。求它的长度时，可以用递归的方法，也可以用非递归的方法。本节用递归的方法实现，具体算法描述如下。

```
int getlength( GNode* head )
{
    int len = 0;
    GNode* p = head;
    if( p->type == 0 )
        p = p->datsub.sub;
    if( NULL != p )
    {
        len = getLength( p->next );
        return len+1;
    }
    else
        return 0;
}
```

#### 3. 求广义表的深度

因为广义表的子表也是一个广义表，其每一个子表都有一个深度值。广义表的深度等于其所有子表的深度的最大值加 1。求广义表的深度适合用递归算法求解，具体算法描述如下。

```
int getDepth( GNode* head )
{
    int depth = 0, maxDepth = 0;
    GNode* p = head;
    if( p->type == 0 )
        p = p->datsub.sub;
    while( NULL != p )
    {
        if( p->type == 2 )
        {
            depth = getDepth( p->datsub.sub ); //求广义表一个子表的深度
            if( depth > maxDepth )
                maxDepth = depth;
```

```
        }
        p = p->next;  //遍历下一个子表
    }
    return maxDepth + 1;
}
```

#### 4. 输出广义表

输出广义表时要逐一输出广义表的结点。对于原子结点，输出元素值。对于子表结点，通过递归的方法输出子表中的所有结点。广义表的元素之间用逗号分隔。子表要用一对括号括起来。具体算法描述如下。

```
void outputGList( GNode* head )
{
    if( head->type == 0 || head->type == 2 )
    {
        printf( "(" );  //对于广义表或者子表,输出左括号
        if( head->datsub.sub == NULL )
            printf( " " );  //对于空表,输出一个空格
        else
            outputGList( head->datsub.sub );  //通过递归调用,输出子表
    }
    else
        printf( "%d, ", head->datsub.data );
    if( head->type == 0 || head->type == 2 )
        printf( ")" );
    if( head->next != NULL )
    {
        printf( "," );
        outputGList( head->next );
    }
}
```

输出广义表时，要遍历广义表的所有结点，故该算法的时间复杂度为 O（n）。对于结点数为 n 的广义表，其深度最多为 n，故递归调用的空间复杂度也为 O（n）。

# 习　　题

5.1　设有大小不等的 n 个数据组（n 个数据组中数据的总数为 m），顺序存放在空间区 D 内，每个数据占一个存储单元，数据组的首地址由数组 S 给出。编写算法，将新数据 x 插入到第 i 个数据组的末尾且属于第 i 个数据组，要求插入后，空间区 D 和数组 S 的相互关系仍保持正确。

5.2　编写一个算法，对一个 n×n 的矩阵，通过行变换，使其每行元素的平均值按递增顺序排列。

5.3　设原来将 N 个自然数 1，2，…，N 按某个顺序存储在数组 A 中，经过下面的语句计算，使 A[i] 的值变为 A[1]～A[i-1] 中小于原 A[i] 值的个数。

```
for( i = N-1; i >= 0; i-- )
{
    c = 0;
    for( j = 0; j < i; j++ )
```

```
            if( a[j] < a[i] )
                  c++;
         a[i] = c;
}
```

编写算法，将经过上述处理后的 A 还原为原来的 A。

5.4 如果矩阵 A 中存在一个元素 A[i][j]，其满足条件：A[i][j]是第 i 行中值最小的元素，且是第 j 列中值最大的元素，则称之为该矩阵的一个马鞍点。编写算法，计算出 m×n 的矩阵 A 的所有马鞍点。

5.5 给定一个整数数组 b[0…N-1]，b 中连续的相等元素构成的子序列称为平台。编写算法，求出 b 中最长平台的长度。

5.6 设有二维整型数组 a[m][n]，编写算法，判断 a 中所有元素是否互不相同。若是，则输出 yes；若否，则输出 no。

5.7 若 S 是 n 个元素的集合，则 S 的幂集 P(S)定义为 S 所有子集的集合。例如，S=(a,b,c)，P(S)={()，(a)，(b)，(c)，(a,b)，(a,c)，(b,c)，(a,b,c)}，给定 S，编写递归算法求 P(S)。

5.8 试编写建立广义表存储结构的算法，要求在输入广义表的同时实现判断、建立。设广义表按如下形式输入（$a_1$, $a_2$, $a_3$, …, $a_n$），n≥0，其中 $a_i$ 或为单字母表示的原子或为广义表，n=0 时为只含空格字符的空表。

5.9 广义表是 n(n≥0)个数据元素 $a_1$, $a_2$, $a_3$, …, $a_n$ 的有限序列。其中，$a_i$(1≤i≤)或是单个数据元素（原子），或仍然是一个广义表。广义表的结点具有不同的结构，即原子结点和子表元素结点，为了将两者统一，使用了一个标志 tag，当其为 0 时表示是原子结点，其 data 域存储结点值，link 域指向下一个结点；当其 tag 为 1 时表示是子表结点，其 sublist 指向子表的指针。

（1）写出广义表的结点存储结构。

（2）编写算法，计算一个广义表的原子结点个数。

5.10 广义表 GL=（$a_1$, $a_2$, …, $a_n$），其中 $a_k$（k=1, 2, …, n）或是单个数据元素（原子），或仍然是一个广义表。给定如下有关广义表的类型定义：

```
typedef struct
{
    GList *link;
    int tag;
    char data;
    GList *sublist;
}GList;
```

编写算法，计算一个广义表的所有原子结点数据域之和，如广义表(3,(2,4,5),(6,3)) 数据域之和为 23。

5.11 已知两个定长数组，它们分别存放两个非降序有序序列，请编写程序把第二个数组序列中的元素逐个插入到前一个数组序列中，完成后两个元素组中的元素分别有序（非降序）并且第一数组中所有的元素都不大于第二个数中的任意一个元素。注意，不能另开辟数组，也不能对任意一个数组进行排序操作。例如，

第一个数组为 5, 13, 27；第二个数组为 2, 8, 9, 30, 55。

输出结果如下。

2,5,8//第一个数组

9,13,27,30,55//第二个数组

# 第6章 树和二叉树

在很多实际问题中，研究对象之间表现出明显的层次关系，一个上层对象和几个下层对象之间存在着联系。如果用数据元素表示一个对象，则数据元素之间存在着一对多的联系。对于数据元素之间的一对多的联系，比较适合用一种非线性的数据结构——树来描述。本章讨论树和二叉树，重点讨论它们的性质、存储结构及常用运算。

## 6.1 树

### 6.1.1 树的基本概念

#### 1. 树的定义

树是有 n（n≥0）个结点的有限集合（n 等于 0 时称为空树）。在一棵非空树中：

（1）有且只有一个特定的结点称为根结点；

（2）当 n 大于 1 时，除根结点外的结点又分为 m 个互不相交的子集，每个子集又是一棵树，称为根结点的子树。

为了更加直观，常常用连线将根结点与其子树的根结点连接起来。图 6-1 所示为几棵树的示例。图 6-1（a）为只有一个结点的树，该结点就是树的根结点。图 6-1（b）为根结点只有一棵子树的树。图 6-1（c）为根结点有两棵子树的树。图 6-1（d）为根结点有多棵子树的树。

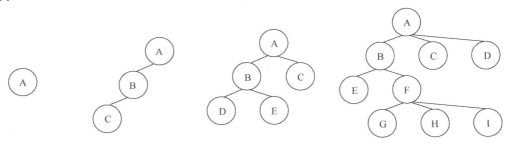

　（a）只有一个结点的树　　　（b）根结点有一棵子树　　　（c）根结点有两棵子树　　　（d）根结点有多棵子树

图 6-1　几棵树的示例

#### 2. 树的常用术语

结点：树的结点指一个数据元素及指向其子树的分支。

孩子、双亲及兄弟结点：对于树中的任一结点，其所有子树的根结点称为它的孩子结点。该结点称为孩子结点的双亲结点。一个结点的所有孩子结点互为兄弟结点。如在图 6-1（d）中，结点 B、C 和 D 是结点 A 的孩子结点，相反，结点 A 是结点 B、C 和 D 的双亲结点。结点 B、C 和 D 互为兄弟结点。

祖先及子孙结点：从根结点到一个结点的路径所经过的所有结点称为该结点（包括双亲结点）的祖先结点。一个结点的所有子树上的结点称为它的子孙结点。如在图6-1（d）中，结点A、B和F是结点H的祖先结点，结点E、F、G、H和I是结点B的子孙结点。

　　结点的度：每个结点的孩子结点的数目称为该结点的度。在图6-1（d）中，结点A、B和C的度分别是3、2和0。

　　叶子结点：度为0的结点称为叶子结点。在图6-1（d）中，结点C、D、E、G、H和I称为叶子结点。叶子结点又称为树叶结点或终端结点。

　　分支结点：度大于0的结点称为分支结点。一棵树的结点中，除了叶子结点就是分支结点。在图6-1（d）中，结点A、B和F是分支结点。分支结点也称非终端结点。

　　树的度：树中所有结点中度的最大值称为树的度。如图6-1中4棵树的度分别是0、1、2、3。

　　结点的层次：根结点的层次为第一层，根结点的孩子结点为第二层，其余结点的层次以此类推。如在图6-1（d）中，根结点A为第一层，结点B、C、D为第二层，结点E、F为第三层，结点G、H、I为第四层。

　　树的深度：树中结点的最大层次称为树的深度。如图6-1中4棵树的深度分别是1、3、3、4。树的深度又称为树的高度。

　　有序树、无序树：如果将树中结点的孩子结点看做从左到右有序的，则称该树为有序树，否则称为无序树。有序树中，一个结点最左边的孩子结点称为它的第一个孩子，其余的孩子依次为第二个、第三个等，最右边的一个孩子结点称为它的最后一个孩子。

　　森林：m（m≥0）棵互不相交的树的集合称为森林。树中任一结点的所有子树的集合即是森林，称为该结点的子树森林。

### 3．树的表示

　　（1）结点连线法。结点连线法如图6-1所示，用结点表示树的结点，用连线连接结点和它的孩子结点。

　　（2）广义表法，用一个广义表表示一棵树。空树用一个空的广义表表示。非空树的广义表只有一个元素，该元素由根结点及由括号括起来的根结点的子树的广义表表示组成。如图6-1（d）的树对应的广义表表示为（A（B（E，F（G，H，I）），C，D））。

　　（3）集合图法。用集合图表示一棵树时，用一个圆表示一棵树，圆内包含根结点和子树，子树又用相同的方法表示。图6-1（d）的树用集合图表示如图6-2所示。

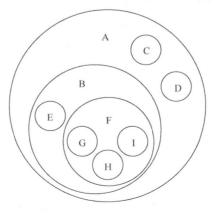

图6-2　树的集合图表示

（4）凹入图法，用凹入图法表示时，用一个长条形表示树的所有结点，双亲结点条形的长度大于孩子结点的条形，兄弟结点条形的长度相等。图 6-1（d）的树用凹入图表示如图 6-3 所示。

图 6-3 树的凹入图表示

### 6.1.2 树的运算

如果树中的结点和它的孩子结点之间有关系，一个结点与它的多个孩子之间存在关系，则树可以作为一种数据结构来描述数据元素之间存在着一对多的问题。

树的常用运算如下。

（1）初始化：置树为空。

（2）建立树：根据输入的数据建立树的存储结构。

（3）求根结点：求一棵树的根结点。

（4）求双亲结点：求一个结点的双亲结点。

（5）求孩子结点：求一个结点的一个或多个孩子结点。

（6）求兄弟结点：求一个结点的一个或多个兄弟结点。

（7）遍历树的所有结点：依次且不重复地访问树的所有结点。

（8）清空树：释放树中结点所占用的存储单元，并置树为空。

（9）插入结点：在树中插入一个新结点。

（10）删除结点：删除树中的一个结点。

（11）查找结点：根据给定的条件查找一个指定的结点。

（12）求二叉树的深度：求二叉树的最大层次数。

## 6.2 二叉树

二叉树的结构比较规范，有许多特有的性质和特点，可以用来方便地解决许多问题，是一种应用比较广泛的数据结构。

### 6.2.1 二叉树的基本概念

二叉树是有 n（n≥0）个结点的有限集合（n 等于 0 时称为空二叉树）。在一棵非空二叉树中：

（1）有且只有一个特定的结点称为根结点；

（2）当 n 大于 1 时，除根结点外的结点又分为两个互不相交的子集 L 和 R，L 和 R 也都是二叉树，L 称为二叉树的左子树，R 称为二叉树的右子树。L 的根结点称为二叉树的左孩子，R 的根结点称为二叉树的右孩子。

二叉树具有与树相同的结构特点。前一节介绍的树的有关术语同样适用于二叉树，这里不再赘述。

从形式上看，二叉树与度为 2 的树比较类似，但是二叉树与度为 2 的树是不同的。它们的不同之处在于：度为 2 的树的两个子树没有顺序，无左右之分；而二叉树的两个子树是有顺序的，分为左子树和右子树。

二叉树有 5 种基本形态：空树；只有一个根结点，如图 6-4（a）所示；只有左子树，如图 6-4（b）所示，所有结点的右子树都为空；只有右子树，如图 6-4（c）所示，所有结点的左子树都为空；左、右子树不全为空，如图 6-4（d）所示。

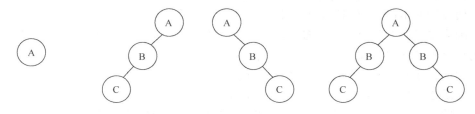

（a）只有一个根结点　　（b）只有左子树　　（c）只有右子树　　（d）左、右子树不全为空

图 6-4　二叉树的基本形态

下面介绍两种特殊形态的二叉树：满二叉树和完全二叉树。

满二叉树：满二叉树是一棵深度为 k，且有 $2^k-1$ 个结点的二叉树。满二叉树中，所有的分支结点都有左孩子和右孩子。如果对满二叉树的结点从根结点开始，按从上而下、自左至右的顺序编号，根结点的编号为 1，则最后一个结点的编号为 $2^k-1$。图 6-5 所示为深度为 3 的满二叉树，最后一个结点的编号为 7。

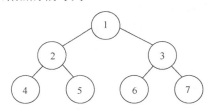

图 6-5　满二叉树

完全二叉树：给定一棵深度为 k 的二叉树，从它的根结点开始，按从上而下、自左至右的顺序编号，根结点的编号为 1，最后一个结点的编号为 n，当且仅当它的每一个结点都与深度为 k 的满二叉树中编号从 1 到 n 的结点一一对应时，称该二叉树为完全二叉树。

图 6-6 所示为两棵深度为 3，结点数为 5 的二叉树。图 6-6（a）是一棵完全二叉树，而图 6-6（b）不是完全二叉树。

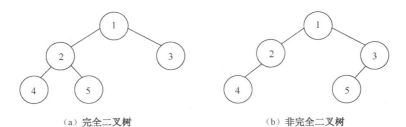

（a）完全二叉树　　　　　　　　　　（b）非完全二叉树

图 6-6　完全二叉树和非完全二叉树

满二叉树也是完全二叉树。

### 6.2.2　二叉树的性质

性质 1：在二叉树第 i（i≥1）层上最多有 $2^{i-1}$ 个结点。

证明：当 i=1 时，二叉树只有一个根结点，而 $2^{i-1}=2^0=1$，故结论成立。

假设当 k=i-1 时，结论成立，即在第 k 层上有 $2^{k-1}$ 个结点。

因为二叉树的每个结点最多有两个孩子结点，故在第 k+1 层上最多的结点数为第 k 层上的结点数的 2 倍，即 $2\times2^{k-1}=2^k=2^{i-1}$ 个。

由此证明在第 i 层上最多有 $2^{i-1}$ 个结点。

性质 2：深度为 k（k≥1）的二叉树，最多有 $2^k-1$ 个结点。

证明：二叉树的总结点数达到最大时，要求其每一层的结点数都达到最大值。由性质 1 知，二叉树第 i（1≤i≤k）层上结点数的最大值为 $2^{i-1}$，故二叉树总的结点数的最大值为各层上结点数最大值的和，即 $\sum_{i}^{k}2^{i-1}=2^k-1$。

在所有深度为 k（k≥1）的二叉树中，满二叉树具有最多的结点数，即 $2^k-1$ 个结点。

性质 3：在任何非空二叉树中，若度为 2 的结点数为 $n_2$，叶子结点（度为 0 的结点）数为 $n_0$，则有

$$n_0=n_2+1$$

证明：设二叉树的总结点数为 n，度为 1 的结点数为 $n_1$。总结点数等于度为 2 的结点数加上度为 1 的结点数，再加上度为 0 的结点数，即

$$n=n_2+n_1+n_0$$

从分支的角度看，二叉树的结点中，除根结点外，每个结点都有一个分支进入，故二叉树的总分支数应等于总结点数减 1。如设总分支数为 t，则有

$$t=n-1=n_2+n_1+n_0-1$$

又因为二叉树的所有分支都是从度为 1 和度为 2 的结点发出的，每个度为 1 的结点发出 1 个分支，每个度为 2 的结点发出两个分支，故有

$$t=n_1+2n_2$$

连接以上两式有

$$n_2+n_1+n_0-1=n_1+2n_2$$

即可得：

$$n_0=n_2+1$$

性质 4：具有 n（n>0）个结点的完全二叉树，其深度为 $\lceil \log_2^{(n+1)} \rceil$ 或者 $\lfloor \log_2^{n} \rfloor +1$。

证明：设具有 n 个结点的完全二叉树的深度为 h，由完全二叉树的定义，它的结点数应大于深度为 h-1 的满二叉树的结点数，且不大于深度为 h 的满二叉树的结点数。深度为 h-1 和深度为 h 的满二叉树的结点数分别为 $2^{h-1}-1$ 和 $2^h-1$，故有

$$2^{h-1}-1 < n \leqslant 2^h-1$$

$$2^{h-1} < n+1 \leqslant 2^h$$

$$h-1 < \lceil \log_2^{(n+1)} \rceil \leqslant h$$

因为 h 是整数，故有

$$h = \lceil \log_2^{(n+1)} \rceil$$

同理可证：$h = \lfloor \log_2^n \rfloor + 1$。

性质 5：给定一棵具有 n 个结点的完全二叉树，从它的根结点开始，按从上而下、自左至右的顺序编号，根结点的编号为 1，最后一个结点的编号为 n，则对于编号为 i 的结点有以下特点。

（1）若 2i≤n，则结点 i 的左孩子为结点 2i，否则结点 i 无左孩子。

（2）若 2i+1≤n，则结点 i 的右孩子为结点 2i+1，否则结点 i 无右孩子。

（3）当 i=1 时，若结点 i 为根结点，则它无双亲结点，否则结点 i 的双亲结点为结点 $\lfloor i/2 \rfloor$。

（4）结点 i 所在的层次为 $\lfloor \log_2^i \rfloor + 1$。

证明：（1）当 i=1 时，结点 i 为根结点。若 2=2i≤n，则结点 i 有左孩子，其左孩子为结点 2，否则结点 i 无左孩子。结论成立。

假设当 k=i-1 时结论成立，即若 2（i-1）≤n 成立，则结点 k 有左孩子时，其左孩子为结点 2k，否则结点 k 无左孩子。

那么对于结点 i，若 2i≤n，则 2（i-1）≤n 也成立，根据假设，结点 i-1 的左孩子为结点 2（i-1），结点 i-1 的右孩子为结点 2（i-1）+1，为 2i-1。结点 i 的左孩子的编号应比结点 i-1 的右孩子的编号大 1，故结点 i 的左孩子的编号为 2i-1+1，即 2i。从而证明结点 i 的左孩子为结点 2i。反之，若 2i>n，则结点 i 无左孩子。

（2）与用（1）相同的方法可证明（2），此处略。

（3）当 i=1 时，结点 i 为根结点，它无双亲结点。

当 i>1 时，结点 i 有双亲结点，设它的双亲结点为结点 t。

若结点 i 是结点 t 的左孩子（i 是偶数），则根据（2）有

$$i=2t, \quad t=i/2=\lfloor i/2 \rfloor$$

若结点 i 是结点 t 的右孩子（i 是奇数），则根据（3）有

$$i=2t+1, \quad t=（i-1）/2=\lfloor i/2 \rfloor$$

（4）在 n 个结点的完全二叉树中，结点 i 所在的层次与具有 i 个结点的完全二叉树的深度相同，由性质 4 可知，该深度为 $\lfloor \log_2^i \rfloor + 1$。

## 6.2.3　二叉树的存储结构

二叉树可以采用顺序存储结构和链式存储结构两种存储方式。

### 1. 二叉树的顺序存储结构

由二叉树的性质 5 可知，对于完全二叉树，当从它的根结点开始，按从上而下、自左至右的顺序编号以后，结点的编号可以反映结点之间的关系。二叉树的顺序存储结构就利用了该性质，用一组连续的存储单元来存储二叉树的结点，结点的编号与存储单元的下标一致。这样就可以用存储单元的下标，即结点的编号来表达结点之间的逻辑关系。

用顺序存储结构存储二叉树时，分为以下两种情况。

（1）完全二叉树。从它的根结点开始，按从上而下、自左至右的顺序编号，根结点的编号为 1，最后一个结点的编号为 n。然后依次把二叉树的结点存放到一组连续的存储单元中，结点编号与存储单元的下标一一对应。

图 6-7（a）所示的完全二叉树的顺序存储结构如图 6-7（b）所示。

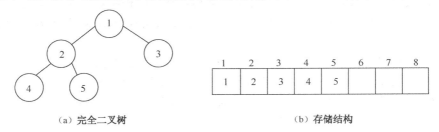

（a）完全二叉树　　　　　　　　　　　　　　（b）存储结构

图 6-7　完全二叉树的顺序存储

（2）非完全二叉树。对于非完全二叉树，先将它补全为一棵完全二叉树，虚补的结点及分支用虚线表示，如图 6-8（a）所示的一棵非完全二叉树补全为如图 6-8（b）所示的完全二叉树。然后将补全后的完全二叉树，从它的根结点开始，按从上而下、自左至右的顺序编号，根结点的编号为 1，最后一个结点的编号为 n。依次把完全二叉树中原二叉树的结点存放到一组连续的存储单元中，结点编号与存储单元的下标一一对应。

图 6-8（a）所示的非完全二叉树的顺序存储结构如图 6-8（c）所示。

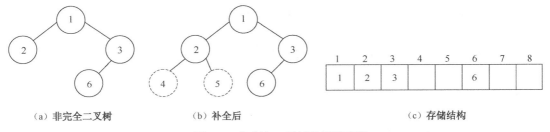

（a）非完全二叉树　　　　（b）补全后　　　　　　　　（c）存储结构

图 6-8　非完全二叉树的顺序存储

完全二叉树适合用顺序存储结构存储。用顺序存储结构存储非完全二叉树会浪费存储单元。

### 2. 二叉树的链式存储结构

二叉树采用链式存储结构存储时，用任意的一组存储单元来存储二叉树的结点，用指向结点的指针来表达结点之间的关系。

由于二叉树的结点可能有两个孩子，即左孩子和右孩子，因此二叉树的结点至少需要3 个域：一个数据域和两个指针域。两个指针域分别指向结点的左孩子和右孩子，这两个指针分别称为左指针和右指针。这样得到的链式存储结构称为二叉链表。

图 6-9（a）所示的二叉树的二叉链表存储结构如图 6-9（b）所示。

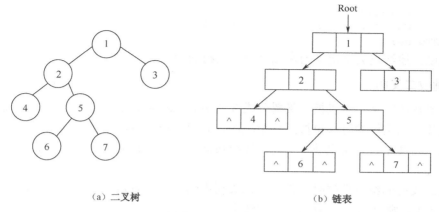

（a）二叉树　　　　　　　　　　　　（b）链表

图 6-9　二叉链表

在二叉链表中可以从一个结点方便地访问其左孩子和右孩子，并进一步访问其子孙结点。但是，当要访问一个结点的双亲结点，并进一步访问其祖先结点时就比较麻烦。为了解决这个问题，可以在二叉树的结点中增加一个指针域，该指针指向结点的双亲，称为双亲指针。这样得到的链式存储结构称为三叉链表。

图 6-9（a）所示的二叉树的三叉链表存储结构如图 6-10 所示。

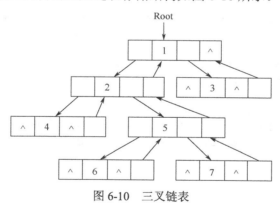

图 6-10　三叉链表

在二叉链表和三叉链表存储结构中，需要用一个指针指向根结点以访问二叉树，如图 6-9（b）和图 6-10 中的 Root 指针。

在二叉树的链式存储结构中，需要给每个结点分配两个或三个指针域以指向其孩子或双亲结点。但是，有些结点只有一个孩子，叶子结点没有孩子，根结点没有双亲，故有些结点的指针域为空指针。在 n 个结点的二叉链表中，共有 n+1 个空指针域。在 n 个结点的三叉链表中，共有 n+2 个空指针域。

## 6.2.4　二叉树的运算

这里以二叉树的二叉链表存储结构为例介绍二叉树的运算。二叉链表结点类型定义如下。

```
typedef int DataType; //结点的数据类型,本节以int为例
typedef struct node{
    struct node *LChild; //左指针域
    DataType data;
    struct node *RChild; //右指针域
}BTNode;
```

这里以上述结点类型定义为基础讨论二叉树的运算。

### 1. 建立二叉树

由二叉树的定义,可以把二叉树分成 3 部分:根结点、根结点的左子树、根结点的右子树。故建立二叉树的时候也按照这个顺序,先建立根结点,再建立其左子树,然后建立其右子树。而其左右子树也是二叉树,需要按同样的方法建立。这样就形成了递归建立二叉树的过程。

输入二叉树的结点数据时,以不在二叉树中的一个值表示空结点。例如,二叉树结点的值都大于 0,则可以用-1 表示一个空结点。

```
BTNode * createBTree( )
// 建立二叉树,假设数据元素为正整型,并返回指向其根结点的指针
{
 BTNode *bt = NULL;
 int  elem;
 scanf( "%d" , &elem ) ;
 if (elem != -1 )//若不是空结点,则建立一个结点
 {
    bt = ( BTNode*)malloc(sizeof(BTNode)) ;      //建立结点
    if ( bt==NULL )
    {
        printf (" memory allocation failure !\n " ) ;
        exit (1) ;
    }
    bt->data = elem; //赋结点值
    bt->LChild = createBTree( );      //建立左子树
    bt->RChild = createBTree( );      //建立右子树
 }
 return bt;
}
```

对于如图 6-9 (a) 所示的二叉树,其输入顺序为 1 2 4 -1 -1 5 6 -1 -1 7 -1 -1 3 -1 -1。

### 2. 遍历二叉树

用不同的方式看待二叉树,能够设计不同的遍历算法。下面介绍 3 种不同的看待二叉树的方式,以及对应的二叉树遍历算法。

1)无结构方式

仅把二叉树看做一个图,不考虑其结构特点。这时可以使用图的遍历算法,即深度优先遍历算法和广度优先遍历算法。关于图的深度优先和广度优先遍历算法,留待下一章详细介绍。

2)层次方式

由于二叉树具有明显的层次结构,可以把二叉树看做若干结点层的集合,遍历的时候逐层遍历各层的结点,就形成了对二叉树的层次遍历。

层次遍历的基本思路是建立一个存放二叉树结点的队列，从根结点开始遍历，当遍历一个结点的时候就把它的左孩子和右孩子加入队尾；队头元素为下一个要遍历的结点；当队列为空时结束遍历。

二叉树层次遍历的算法描述如下。

```
void layerOrder( BTNode *root )
{
    BTNode *t;
    SeqQueue btQueue; //建立顺序队列,队列元素为指向结点的指针
    initQueue( &btQueue ); //初始化队列
    if( NULL != root )
        InsQueue( &btQueue, *root ); //若二叉树的根结点不空,则将其入队
    while( !isEmpty( btQueue ) )
    {
        t = outQueue( &btQueue ); //取队头元素
        printf( "%d ", t->data ); //访问当前结点
        if( NULL != t->LChild )
            InsQueue( &btQueue, t->LChild );
            //如当前结点有左孩子,则将其入队
        if( NULL != t->RChild )
            InsQueue( &btQueue, t->RChild );
            //如当前结点有右孩子,则将其入队
    }
}
```

对于如图 6-9（a）所示的二叉树，其层次遍历的输出结果为 1 2 3 4 5 6 7。

二叉树按层次遍历时，需要访问每个结点一次，而且只访问一次，故若二叉树的结点数为 n，则层次遍历的时间复杂度为 O（n）。

层次遍历算法执行时需要一个队列存放已访问结点的孩子结点，最坏情况下需要存放一半的结点，故其空间复杂度为 O（n）。

3）递归方式

根据二叉树的定义，可以把二叉树分成 3 个组成部分，即根结点、根结点的左子树、根结点的右子树，然后对这 3 部分分别进行遍历。根结点的左子树和根结点的右子树又都是二叉树，故又可按照同样的方法对它们进行遍历，这样就形成了对二叉树的递归遍历过程。

若以 T、L、R 分别代表遍历根结点及其左右子树，则对二叉树的遍历可以有以下 6 种方案：TLR、LTR、LRT、TRL、RTL、RLT。前面 3 种和后面 3 种方案遍历根结点左右子树的顺序刚好相反。如果要求以先左子树后右子树的顺序进行遍历，则只有 3 种遍历方案：TLR、LTR、LRT。这 3 种方案分别称为先序遍历、中序遍历和后序遍历。

先序遍历的基本思路：先遍历根结点，其次先序遍历根结点的左子树，最后先序遍历根结点的右子树。

先序遍历的算法描述如下。

```
void preOrder( BTNode *root )
{
    if( NULL != root )
    {
        printf( "%d ", root->data ); //访问根结点
```

```
        preOrder( root->LChild ); //先序遍历根结点的左子树
        preOrder( root->RChild ); //先序遍历根结点的右子树
    }
}
```

对于如图 6-9（a）所示的二叉树，其先序遍历的输出结果为 1 2 4 5 6 7 3。

中序遍历的基本思路：先中序遍历根结点的左子树，其次遍历根结点，最后中序遍历根结点的右子树。

中序遍历的算法描述如下。

```
void midOrder( BTNode *root )
{
    if( NULL != root )
    {
        midOrder( root->LChild ); //中序遍历根结点的左子树
        printf( " %d", root->data ); //访问根结点
        midOrder( root->RChild ); //中序遍历根结点的右子树
    }
}
```

对于如图 6-9（a）所示的二叉树，其中序遍历的输出结果为 4 2 6 5 7 1 3。

后序遍历的基本思路：先后序遍历根结点的左子树，其次后序遍历根结点的右子树，最后遍历根结点。

后序遍历的算法描述如下。

```
void postOrder( BTNode *root )
{
    if( NULL != root )
    {
        postOrder( root->LChild );
        postOrder( root->RChild );
        printf( " %d", root->data );
    }
}
```

对于如图 6-9（a）所示的二叉树，其后序遍历的输出结果为 4 6 7 5 2 3 1。

由于 3 种按递归方式的遍历算法也需要访问且仅访问每个结点一次，故它们的时间复杂度都为 O（n）。

3 种递归算法执行时都需要一个递归栈，栈的最大深度与二叉树的深度一致。故最坏情况下，它们的空间复杂度为 O（n）。

### 3. 查找结点

在二叉树中查找一个满足给定条件的结点的基本思路是以某种次序遍历二叉树，并在遍历结点的过程中判断结点是否满足给定的条件。因此，查找结点的基础就是遍历二叉树，可以根据二叉树的遍历算法来设计二叉树的查找算法。本节以先序遍历思想为例，介绍二叉树的查找算法。

其基本思路是先判断根结点是否满足条件，如果满足，则返回根结点。如果不满足，则在二叉树的左子树中查找满足条件的结点，如果找到则返回该结点；如果找不到，则在二叉树的右子树中查找满足条件的结点，如果找到则返回该结点，找不到则查找失败。

查找算法描述如下。

```
BTNode* searchBTree( BTNode *root, DataType elem )
{
    BTNode *t;
    if( NULL == root )
        return NULL;
    if( root->data == elem )
        return root;
    else
    {
        t = searchBTree( root->LChild, elem );
        if( NULL != t )
            return t;
        else
            return searchBTree( root->RChild, elem );
    }
}
```

查找算法在最坏情况下需要遍历所有的结点，故其时间复杂度为 O（n）。查找算法也是递归执行的，故其空间复杂度为 O（n）。

#### 4．求二叉树的深度

根据定义，二叉树的深度应为其左子树与其右子树深度的最大值加 1。故求二叉树的深度时需先求其左、右子树的深度，从而形成递归求二叉树深度的过程。其算法描述如下。

```
int getDepth( BTNode *root )
{
    int LDep, RDep;
    if( NULL == root )
        return 0;
    else
    {
        LDep = getDepth( root->LChild );
        RDep= getDepth( root->RChild );
        return (LDep>RDep) ? LDep+1 : RDep+1;
    }
}
```

求二叉树深度的算法在最坏情况下需要遍历所有的结点，故其时间复杂度为 O（n）。该算法也是递归执行的，故其空间复杂度为 O（n）。

## 6.3  特殊的二叉树

### 6.3.1  线索二叉树

对二叉树进行一次遍历能够访问二叉树的所有结点，这是很多运算的基础。例如，在二叉树中查找一个满足给定条件的结点，就需要对二叉树进行一次遍历。在实际应用中，可能会多次应用某种运算。如在程序执行的不同阶段，可能会多次查找不同的元素，这样就需要多次执行递归遍历操作，增加程序的运行时间和空间开销。

为了克服重复遍历，从而提高程序效率，一种可行的方法是利用二叉链表中的空闲指针域，将遍历得到的结点之间的前后关系保存在空闲指针域中。当需要再次遍历二叉树时，只需要根据空闲域中的信息就能够遍历二叉树，从而避免重复遍历。

根据二叉树的二叉链表存储结构，一棵具有 n 个结点的二叉树，其二叉链表中有 n+1 个空指针域。在以某种方式遍历二叉树时，将一个结点的前驱结点和后继结点的指针保存在该结点的空闲指针域中。以后根据保存在空闲指针域中的指针就可以遍历二叉树，从而避免了递归遍历过程，大大提高了程序效率。保存在空闲指针域中的指针信息成为遍历二叉树的线索，根据该线索能够完成对二叉树的遍历。保存了线索的二叉树称为线索二叉树，对二叉树加线索的过程称为二叉树线索化。

对二叉树采用不同的遍历顺序，一个结点的前驱和后继都会发生改变，相应的线索二叉树也应不同。对一棵二叉树加上先序线索即可得到它的先序线索二叉树。同样，加上中序线索和后序线索即可得到它的中序和后序线索二叉树。

实际中，如果结点的左指针域为空，则用来保存其遍历前驱的指针；如果结点的右指针域为空，则用来保存其遍历后继的指针。这样，结点的左指针域就有两种用途，如果它有左孩子，则保存指向左孩子的指针；反之，则保存遍历前驱的指针。右指针同样如此。为了区分结点指针域的这两种用途，常用的办法是给二叉树的结点结构增加两个标志域，以指示指针域的类型。线索二叉树的结点结构变为

| LTag | LChild | data | RTag | RChild |
|------|--------|------|------|--------|

其中，LTag 和 RTag 分别为左右标志域，它们的作用分别如下。

$$LTag=\begin{cases} 1 & LChild存放遍历寻列前驱的指针 \\ 0 & LChild存放左孩子的指针 \end{cases}$$

$$RTag=\begin{cases} 1 & RChild存放遍历寻列前驱的指针 \\ 0 & RChild存放右孩子的指针 \end{cases}$$

图 6-11（a）所示为一棵二叉树，该二叉树的中序遍历序列为 DFBAEC，图 6-11（b）为其对应的中序线索化表示。结点 A 有左孩子和右孩子，故它的两个指针域分别指向其左、右孩子。结点 D 没有左孩子，它又是中序遍历的第一个结点，故它的左指针域为空。结点 F 的左、右孩子都为空，故它的左指针域指向其中序前驱，即结点 D；它的右指针域指向其中序后继，即结点 B。结点 E 的左、右孩子都为空，故它的左指针域指向其中序前驱，即结点 A；它的右指针域指向其中序后继，即结点 C。结点 C 有左孩子，没有右孩子，故其左指针指向其左孩子，它是中序遍历的最后一个结点，故其右指针域应为空。

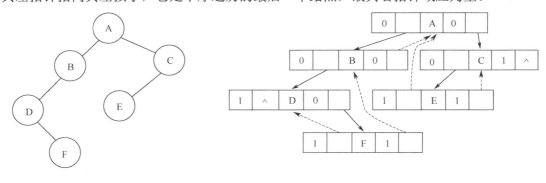

（a）二叉树　　　　　　　　　　　　　　　（b）线索化表示

图 6-11　二叉树及其线索化表示

线索二叉树的结点类型定义如下。

```
typedef int DataType; //结点的数据类型,本节以int为例
typedef struct node{
    int LTag;
    struct node *LChild; //左指针域
    DataType data;
    Int RTag;
    struct node *RChild; //右指针域
}TTNode;
```

本节以上述结点类型定义为基础讨论线索二叉树的运算。

### 1. 二叉树线索化

本节以二叉树中序遍历线索化为例说明二叉树线索化的算法。以此为基础,读者不难写出其他两种遍历顺序的线索化算法。

二叉树线索化的算法需要对二叉树进行一次遍历,并在遍历的过程中根据结点间的顺序修改结点的空指针域和标志域。

算法中需要保存两个结点,即 pre 和 root,pre 是中序遍历时 root 的前驱,root 是中序遍历时 pre 的后继。在中序遍历的过程中根据两个结点的孩子结点信息修改指针域和标志域。算法描述如下。

```
void midThread( TTNode *root )
{
    static TTNode *pre = NULL;
    if( NULL != root )
    {
        midThread( root->LChild );
        if( NULL != pre && pre->RTag == 1 )
            pre->RChild = root;
        if( NULL == root->LChild )
        {
            root->LTag = 1;
            root->LChild = pre;
        }
        if( NULL == root->RChild )
            root->RTag = 1;
        pre = root;
        midThread( root->RChild );
    }
}
```

### 2. 遍历线索二叉树

建立起线索二叉树之后,可以线索二叉树为基础对二叉树进行遍历操作。遍历的基本思路:首先找到遍历序列的第一个结点,然后找到它的后继结点,以及后继结点的后继等。当找到最后一个结点时,它的后继为空,遍历过程结束。

遍历线索二叉树时,当找到第一个结点后,主要的操作是找到一个结点的后继。在不同的遍历顺序下,找一个结点的后继过程略有不同,但其思路是一样的。本节以中序线索

二叉树为例说明遍历线索二叉树的算法。

在中序线索二叉树中，寻找一个结点 t 的后继可以分为如下两种情况。

（1）如果 t 的标志域 RTag 为 1，则它的右指针域 RChild 指向的结点就是它的中序后继。

（2）如果 t 的标志域 RTag 为 0，则它的右子树中最左边的结点就是它的中序后继。寻找时，先要找到结点 t 的右孩子结点 r，再找结点 r 的左孩子，然后找左孩子的左孩子，等等，直到找到一个没有左孩子的结点 p，结点 p 就是结点 t 的中序后继。

遍历中序线索二叉树的算法描述如下。

```
void midTOrder( TTNode *root )
{
TTNode *t = root;
if( NULL != t )
{
    while( t->LTag == 0 )
        t = t->LChild;
    do
    {
        printf( "%d ", t->data );
        if( t->RTag == 1 )
            t = t->RChild;
        else
        {
            t = t->RChild;
            while( t->LTag == 0 )
                t = t->LChild;
        }
    }while( NULL != t );
}
}
```

从以上算法可以看出，与二叉树的遍历相比，遍历线索二叉树的算法不需要递归方法实现，减少了递归栈等开销；也不需要队列或栈等数据结构的辅助空间，故其空间复杂度为 O（1）。

以上算法从中序遍历的第一个结点开始，找它的后继结点来实现对线索二叉树的遍历。也可以反过来，即先找到中序遍历的最后一个结点，然后找到它的前驱结点，以及前驱结点的前驱结点，来实现对中序线索二叉树的遍历。

### 6.3.2 二叉排序树

二叉排序树是一种特殊的二叉树，它可以为空，若不空，则具有以下特性。

（1）若左子树非空，则左子树上所有结点的关键字均小于根结点的关键字。

（2）若右子树非空，则右子树上所有结点的关键字均大于根结点的关键字。

（3）左、右子树都是二叉排序树。

图 6-12 所示为一棵具有 8 个结点的二叉排序树。

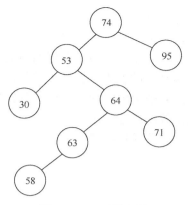

图 6-12　二叉排序树

二叉排序树有一个很重要的特性，即对二叉排序树做中序遍历时会得到一个有序序列。例如，对图 6-12 做中序遍历可得到一个有序序列：30、53、58、63、64、71、74、95。这就是这种二叉树命名为二叉排序树的原因。因为对二叉排序树做中序遍历可以得到一个排好序的序列，利用这个特性，可以比较方便地在二叉排序树中查找数据，故二叉排序树又称为二叉查找树或二叉搜索树。

二叉排序树的结点类型定义如下。

```
typedef int DataType;
typedef struct node{
    struct node *LChild;
    DataType data;
    struct node *RChild;
}BSTNode;
```

本节以上述结点定义为基础，讨论二叉排序树的运算。

### 1. 二叉排序树的插入

在二叉排序树中插入结点时要求新插入的结点只能作为叶子结点插入到二叉排序树中，同时要保证插入后的二叉树还是二叉排序树。这样，在二叉排序树中插入新结点后，原有结点之间的链接关系不会发生改变，且能唯一地确定新结点在二叉树中的位置。例如，在图 6-12 中插入一个值为 67 的结点后的二叉排序树如图 6-13 所示。

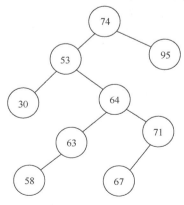

图 6-13　二叉排序树插入结点

在二叉排序树中插入结点的思路如下。

（1）如果二叉排序树为空，则新结点作为根结点插入。

（2）否则，比较根结点的值与新结点的值，若根结点的值小于新结点的值，则新结点插入到根结点的右子树中；若根结点的值大于新结点的值，则新结点插入到根结点的左子树中。然后在根结点的左子树或右子树中继续该过程，直到找到新结点的插入位置。

在二叉排序树中插入结点的算法描述如下。

```
BSTNode* insertBSTree( BSTNode *root, DataType elem )
{
    BSTNode *t;
    if( NULL == root )
    {
        t = (BSTNode*)malloc( sizeof(BSTNode) );
        t->data = elem;
        t->LChild = NULL;
        t->RChild = NULL;
    }
    else if( elem < root->data )
    {
        if( NULL == root->LChild )
        {
            t = (BSTNode*)malloc( sizeof(BSTNode) );
            t->data = elem;
            t->LChild = NULL;
            t->RChild = NULL;
            root->LChild = t;
        }
        else
            t = insertBSTree( root->LChild, elem );
    }
    else if( elem > root->data )
    {
        if( NULL == root->RChild )
        {
            t = (BSTNode*)malloc( sizeof(BSTNode) );
            t->data = elem;
            t->LChild = NULL;
            t->RChild = NULL;
            root->RChild = t;
        }
        else
            t = insertBSTree( root->RChild, elem );
    }
    return t;
}
```

### 2. 建立二叉排序树

建立二叉排序树的过程就是从空树开始，不断插入新结点的过程。以图 6-12 为例，其结点输入顺序为 74、95、53、64、30、63、71、58。该二叉排序树的建立过程如图 6-14 所示。图 6-14（a）～图 6-14（h）显示了每次插入一个结点到二叉排序树的过程。

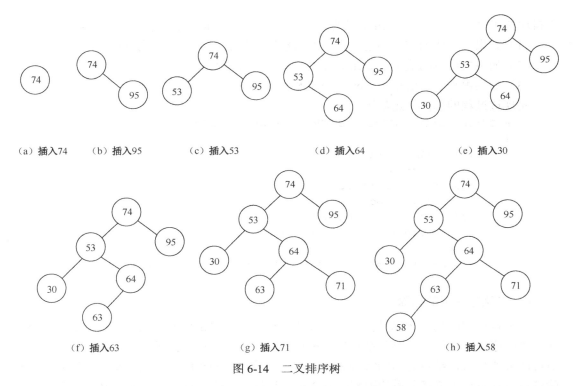

(a) 插入74　　(b) 插入95　　(c) 插入53　　　(d) 插入64　　　　(e) 插入30

(f) 插入63　　　　　　　(g) 插入71　　　　　　　　(h) 插入58

图 6-14　二叉排序树

建立二叉排序树的基本过程：从一个空的二叉排序树开始，每次读入一个结点数据，将该数据插入到二叉排序树中，直到所有结点都已经插入完毕为止。其算法描述如下。

```c
BSTNode* createBSTree()
{
    int elem;
    BSTNode *root = NULL;
    scanf( "%d", &elem );
    while( -1 != elem )
    {
        if( NULL == root )
        {
            root = insertBSTree( root, elem );
        }
        else
        {
            insertBSTree( root, elem );
        }
        scanf( "%d", &elem );
    }
    return root;
}
```

从建立二叉排序树的过程中可以看出，给定一组结点数据，其输入的顺序不同，将构造出不同形态的二叉排序树。

**3．二叉排序树的查找**

因为二叉排序树结点数据是按规则分布的，所以利用该规则可以加快查找进程。在二又排序树中查找一个值为 elem 的结点，并返回该结点的递归过程如下。

（1）如果二叉树为空，则返回空；如果根结点的值等于 elem，则返回根结点。

（2）如果根结点的值大于 elem，则在根结点的左子树中继续查找。

（3）如果根结点的值小于 elem，则在根结点的右子树中继续查找。

实现该过程的算法描述如下。

```
BSTNode* searchBSTree( BSTNode* root, DataType elem )
{
    if( NULL == root )
        return NULL;
    else if( elem == root->data )
        return root;
    if( elem < root->data )
        return searchBSTree( root->LChild, elem );
    else
        return searchBSTree( root->RChild, elem );
}
```

### 4．二叉排序树的删除

二叉排序树的删除运算是指删除二叉树中一个值为给定值的结点，其基本要求是不改变二叉排序树的性能，即删除结点后的树仍然为二叉排序树。由于在二叉排序树中删除结点可能会改变其他结点之间的链接关系，故二叉排序树的删除运算较为复杂，需要处理删除结点对其余结点链接关系的影响。具体可以根据待删除结点的孩子数量分为 3 种情况分别处理：待删除结点只有左孩子、待删除结点只有右孩子、待删除结点既有左孩子又有右孩子。

1）待删除结点只有左孩子

待删除结点只有左孩子，如图 6-15（a）中值为 35 的结点，它为其双亲结点的左孩子；或者图 6-15（b）中值为 75 的结点，它为其双亲结点的右孩子。由于该结点只有左孩子没有右孩子，故删除该结点后，它的左孩子就变成它双亲结点的左孩子，如图 6-15（c）所示，结点 35 的左孩子变成它双亲结点 47 的左孩子；或者变成其双亲结点的右孩子，如图 6-15（d）所示，结点 75 的左孩子变成它双亲结点 48 的右孩子。在这种情况下，只需将待删除结点双亲结点的左指针或者右指针指向待删除结点的左孩子即可删除该结点。

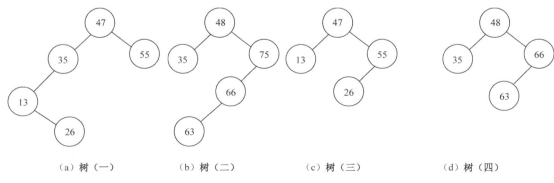

（a）树（一）　　　　（b）树（二）　　　　（c）树（三）　　　　（d）树（四）

图 6-15　待删除结点只有左孩子点

待删除结点只有左孩子有一种特殊情况，即待删除的结点是根结点，如图 6-16（a）所示，要删除结点的值为54，该结点是根结点。删除该结点后它的左孩子变为新二叉排序树的根结点，如图6-16（b）所示。

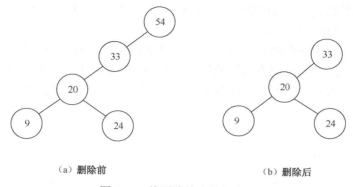

（a）删除前                                  （b）删除后

图 6-16　待删除结点是根结点

2）待删除结点只有右孩子

待删除结点只有右孩子，如图6-17（a）中值为53的结点，它为其双亲结点的左孩子；或者图6-17（b）中值为54的结点，它为其双亲结点的右孩子。由于该结点只有右孩子没有左孩子，故删除该结点后，它的右孩子变成其双亲结点的左孩子，如图6-17（c）所示，结点53的右孩子变成其双亲结点74的左孩子；或者变成其双亲结点的右孩子，如图6-17（d）所示，结点54的右孩子变成其双亲结点43的右孩子。在这种情况下，只需将待删除结点双亲结点的左指针或者右指针指向待删除结点的右孩子即可删除该结点。

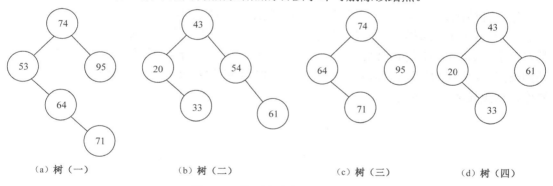

（a）树（一）          （b）树（二）          （c）树（三）          （d）树（四）

图 6-17　待删除结点只有右孩子

待删除结点只有右孩子也有一种特殊情况，即待删除的结点是根结点。删除该结点后它的右孩子变为新二叉排序树的根结点，具体处理与前一种情况类似，此处不再赘述。

3）待删除结点既有左孩子又有右孩子

如果待删除的结点既有左孩子又有右孩子，则不论该结点是不是根结点，其删除过程都是一样的，这里以删除图6-18（a）中值为54的结点为例进行说明。

在这种情况下，删除该结点后，要改变其左右孩子的链接关系，还要保证二叉树的排序性能，所以删除过程比前面两种情况复杂。有多种方法可以实现该删除过程，这里介绍如下方法：删除该结点后，将其中序遍历的前驱结点移到它所在的位置，然后删除其中序前驱结点。

待删除结点的中序前驱有两种情况：它的中序前驱不是它的左孩子；它的中序前驱是

它的左孩子。

第一种情况可参考图 6-18（a），结点 54 的中序遍历前驱为结点 51，故只需把结点 51 移动到结点 54 所在的位置，然后删除结点 51，即可实现删除结点 54 的操作，结果如图 6-18（b）所示。删除后的二叉树仍然保持了排序性能。

在二叉树中，对于一个既有左孩子又有右孩子的结点，其中序前驱结点一定没有右孩子，故可以用第 1）种情况的方法删除该结点的中序前驱，从而使问题简化。同时，该中序前驱是其双亲结点的右孩子，如在图 6-18（a）中，结点 51 是其双亲结点 44 的右孩子。

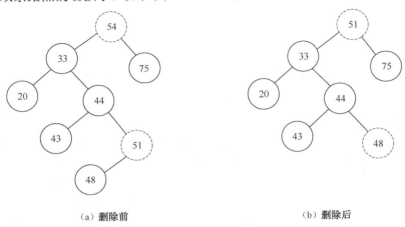

（a）删除前　　　　　　　　　　　　　　（b）删除后

图 6-18　待删除结点既有左孩子又有右孩子

第二种情况如图 6-19（a）所示，待删除的结点为结点 44，它的左孩子为结点 37，结点 37 没有右孩子。这样，结点 37 就是结点 44 的中序前驱。该中序前驱结点是其双亲结点的左孩子，如结点 37 是其双亲结点 44 的左孩子，与前一种情况不同。故只需把结点 37 移动到结点 44 所在的位置，然后将 37 的左孩子作为 44 的左孩子，即可实现删除结点 44 的操作，结果如图 6-19 所示。

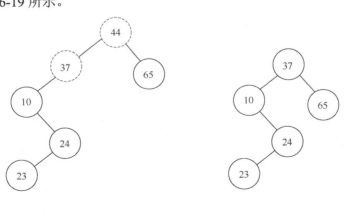

（a）删除前　　　　　　　　　　　　　　（b）删除后

图 6-19　待删除结点的左孩子没有右孩子

二叉排序树的删除运算的算法描述如下。

```
BSTNode* deleteBSTree( BSTNode *root, DataType elem )
{
```

```c
    BSTNode *f = NULL, *c = root, *fp, *p;
    while( c->data != elem )  //查找待删除的结点c,f为其父结点
    {
        if( elem < c->data )
        {
            f = c;
            c = c->LChild;
        }
        else
        {
            f = c;
            c = c->RChild;
        }
    }
    if( NULL == c->RChild )  //结点c没有右孩子
    {
        if( NULL == f )  //结点c是根结点
        {
            c = c->LChild;
            free( root );
            return c;
        }
        else  //结点c不是根结点
        {
            if( c->data < f->data )
                f->LChild = c->LChild;
            else
                f->RChild = c->LChild;
            free( c );
        }
    }
    else if( NULL == c->LChild )  //结点c没有左孩子
    {
        if( NULL == f )  //结点c是根结点
        {
            c = c->RChild;
            free( root );
            return c;
        }
        else  //结点c不是根结点
        {
            if( c->data < f->data )
                f->LChild = c->RChild;
            else
                f->RChild = c->RChild;
            free( c );
        }
    }
    else
```

```
        {
            fp = c;  p = c->LChild;
            while( p->RChild != NULL )  //查找结点c的中序前驱p,fp是p的双亲结点
            {
                fp = p;
                p = p->RChild;
            }
            if( fp == c )  //c的中序前驱是其左孩子
            {
                fp->data = p->data;
                fp->LChild = p->LChild;
                free( p );
            }
            else //c的中序前驱不是其右孩子
            {
                c->data = p->data;
                fp->RChild = p->LChild;
                free( p );
            }
        }
    return root;
}
```

### 6.3.3　最优二叉树

最优二叉树又称哈夫曼（Huffman）树，在编码和决策等方面有着广泛的应用。

#### 1．最优二叉树的相关概念

路径：树中两个结点之间所经过的分支，称为它们之间的路径。

路径长度：一条路径上的分支数，称为该路径的长度。

结点的权：给二叉树中的结点赋一个数，该数称为该结点的权。

结点带权路径长度：从根结点到一个结点的路径长度与该结点的权值的乘积，称为该结点的带权路径长度。

树的带权路径长度：一棵树中所有叶子结点的带权路径长度之和，称为该树的带权路径长度 WPL，WPL 的公式如下。

$$WPL = \sum_{i=1}^{n}(W_i \times P_i)$$

其中，n 为树中叶子结点的个数，$w_i$ 和 $p_i$ 分别为第 i 个叶子结点的权值和从根结点到该路径的长度。

最优二叉树：在具有 n 个带权叶子结点的所有二叉树中，称带权路径长度 WPL 最小的二叉树为最优二叉树。

图 6-20 所示为 3 棵具有 4 个叶子结点的二叉树，叶子结点中的数字表示该叶子结点的权值。这 3 棵二叉树的带权路径长度分别为 48、59 和 47。从此例可以看出，具有相同叶子结点的不同二叉树，其带权路径长度有着较大的差别。

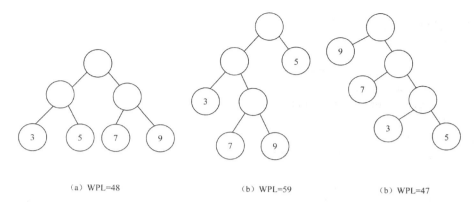

（a）WPL=48　　　　　　（b）WPL=59　　　　　　（b）WPL=47

图 6-20　具有 4 个叶子结点的 3 棵二叉树

### 2．最优二叉树的构造

从图 6-20 可以看出，在构造二叉树的时候，如果使权值大的叶子结点离根结点近，权值小的叶子结点离根结点远，则能够减小二叉树的带权路径长度。哈夫曼最早根据这个思路提出了构造最优二叉树的算法，称为哈夫曼算法。哈夫曼算法的基本思路如下。

（1）用给定的 n 个权值（$w_1$，$w_2$，…，$w_n$）构造 n 棵二叉树，每棵二叉树 $F_i$ 只有一个根结点，其权值为 $w_i$，将 n 棵二叉树放在集合 S 中。

（2）当 S 中的二叉树数量大于 1 时，从中选择根结点权值最小的两棵二叉树，并以它们为左右子树构造一棵新的二叉树，新二叉树根结点的权值为其左右子树根结点权值之和。

（3）从 S 中删除选择的两棵二叉树，并将新二叉树放到集合 S 中，继续步骤（2）。

当哈夫曼算法结束时，集合 S 中只有一棵二叉树，该二叉树就是最优二叉树，也称哈夫曼树。在所有具有权值分别为（$w_1$，$w_2$，…，$w_n$）n 个叶子结点的二叉树中，哈夫曼树的带权路径长度最短。

例如，以 4 个给定权值 3、5、7、9 构造最优二叉树的过程如图 6-21 所示。

初始时，集合 S 中有 4 棵只有根结点的二叉树，如图 6-21（a）所示。首先，选择权值最小（分别为 3 和 5）的两棵二叉树构造一棵新二叉树，其根结点的权值为 8，并把它放到集合 S 中，然后删除根结点权值为 3 和 5 的两棵二叉树，如图 6-21（b）所示。其次，选择根结点权值为 7 和 8 的两棵二叉树构造一个新的二叉树并将其加入集合 S，其根结点权值为 15，并删除根结点权值为 7 和 8 的两棵二叉树，如图 6-21（c）所示。最后，选择根结点权值为 9 和 15 的两棵二叉树构造一个新的二叉树并将其加入集合 S，其根结点权值为 24，并删除根结点权值为 9 和 15 的两棵二叉树，如图 6-21（d）所示。

至此，集合 S 中只有一棵二叉树，该树就是所求的最优二叉树。

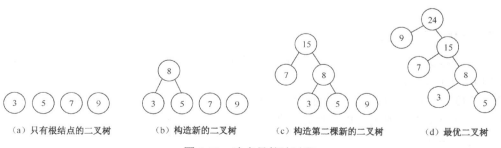

（a）只有根结点的二叉树　　　（b）构造新的二叉树　　　（c）构造第二棵新的二叉树　　　（d）最优二叉树

图 6-21　哈夫曼算法过程

最优二叉树的结点类型定义如下。

```
typedef struct hnode
{
    struct hnode *LChild;
    int weight;
    struct hnode *RChild;
}HufNode;
```

哈夫曼算法的描述如下。

```
HufNode* createHufTree( DataType w[], int n)
{
    int i, j, min, smin;
    HufNode **s, *t;
    s = (HufNode**)malloc( n*sizeof(HufNode*));
    for( i = 0; i < n; i++ )  //建立初始时n棵二叉树的集合
    {
        s[i] = (HufNode*)malloc( sizeof(HufNode) );
        s[i]->weight = w[i];
        s[i]->LChild = s[i]->RChild = NULL;
    }
    for( i = 0; i < n-1; i++ )
    {
        min = i; smin = i+1; //min和smin是根结点权值最小和次小的二叉树的下标
    for( j = smin; j < n; j++ ) //在集合S中选出根结点权值最小和次小的两棵树
        {
            if( s[j]->weight < s[min]->weight )
            {
                smin = min;
                min = j;
            }
            else if( s[j]->weight < s[smin]->weight )
                smin = j;
        }
        t = (HufNode*)malloc( sizeof(HufNode) ); //建立新的二叉树的根结点
        t->weight = s[min]->weight + s[smin]->weight;
        t->LChild = s[min]; //设置新二叉树的左子树和右子树
        t->RChild = s[smin];
        s[min] = t;
        s[smin] = s[i]; //下一轮从i+1处开始查找,故把下标i的二叉树移到smin中
        s[i] = NULL;
    }
    return t;
}
```

### 3. 最优二叉树的应用

在数据通信系统中,信息是以0、1组成的位流形式进行传送的,所以在传送信息之前需要用0、1串来表示信息,称为对信息进行编码。对信息编码后得到的0、1串的长度称为编码长度。对同一段信息,不同的编码能够得到不同的编码长度,对传输效率有着较大的影响。对信息进行编码可以采用定长编码和不定长编码两种方式。

定长编码就是对每个字符都采用相同长度的二进制位进行编码的方式。例如,对4个

字符 A、B、C、D，每个字符用两位二进制数即可实现编码，A、B、C、D 的编码分别是 11、10、01、00。如果要传输的信息是 AAABBBCD，则发送方发送的位流为 1111111010100100，总的编码长度为 16 位，这个过程称为编码。接收方收到该位流时，只需要将两个二进制为一组转换成一个字母，就可以得到发送方发送的信息，这个过程称为译码。定长编码的优点是编码及译码的过程比较简单，缺点是当发送信息中各个字符出现的频率差别比较大时，编码的长度较长，传输效率较低。

不定长编码就是对不同的字符采用不同长度的二进制位进行编码的方式。对出现频率较高的字符采用较短的编码，对出现频率较低的字符采用较长的编码，这样能够缩短总的编码长度，进而提高传输效率。例如，对于要传输的信息 AAABBBCD，字符 A、B 的出现频率要高于字符 C、D 的出现频率，如果分别给 A、B、C、D 的编码为 0、1、01、00，则发送方发送的位流为 0001110100，总的编码长度为 10 位，小于定长编码方式。

但是，当接收方收到 0001110100 时无法对它进行译码，因为会有多种方式对它进行译码，如，"AAA…"，"AD…"，"DC…" 等。这种方式不能保证译码的唯一性，故不能使用。

在变长编码中，如果任意一个字符的编码都不是其他字符编码的前缀，则这种编码称为前缀编码。前缀编码能够保证译码的唯一性。如对 A、B、C、D 的编码为 0、10、110、111，则每个字符的编码都不是其他字符编码的前缀，故是前缀编码。如对 A、B、C、D 的编码为 0、1、01、00，则 A 的编码是 C 和 D 的前缀，故不是前缀编码。

可以利用二叉树设计前缀编码。具体过程如下：以需要编码的字符为叶子结点，构造一棵二叉树，然后给二叉树的所有结点分支加上标记，结点的左分支标记为 0，右分支标记为 1，从根结点到一个叶子结点的路径上所有分支上的标记按顺序组成的二进制串就构成了该叶子结点的编码。

例如，对于 A、B、C、D 4 个字符，可以构造两棵二叉树，如图 6-22 所示。根据图 6-22（a），4 个字符 A、B、C、D 的编码分别为 00、01、10、11。根据图 6-22（b），4 个字符 A、B、C、D 的编码分别为 0、10、110、111。这两种编码均属于前缀编码。

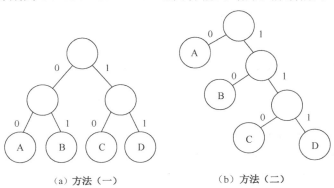

（a）方法（一）　　　　　（b）方法（二）

图 6-22　利用二叉树设计前缀编码

一个信息中有 n 个字符，出现的概率分别为（$p_1$, $p_2$, …, $p_n$），其编码长度分别为（$k_1$, $k_2$, …, $k_n$），则该信息的平均编码长度可以用如下公式计算。

$$ACL = \sum_{i=1}^{n}(P_i \times k_i)$$

例如，对于给定的信息 AAABBBCD，4 个字符 A、B、C、D 的出现概率分别为 0.375、

0.375、0.125、0.125。如果使用图6-22（a）的编码，则平均编码长度为

$$ACL=0.375\times2+0.375\times2+0.125\times2+0.125\times2=2$$

如果使用图6-22（b）的编码，则平均编码长度为

$$ACL=0.375\times1+0.375\times2+0.125\times3+0.125\times3=1.875$$

对于给定的一个信息，平均编码长度小则传输效率高，反之则低。

对于一种给定的编码，如果把各字符的出现概率看做其权值，则一个信息的平均编码长度就是该二叉树的带权路径长度。

对于给定权值且只有 n 个叶子结点的二叉树，哈夫曼树的带权路径长度最短。给定一个信息，以其中各字符的出现概率为其权值，建立哈夫曼树并设计编码，则能够得到最短的平均编码长度，利用哈夫曼树设计的编码称为哈夫曼编码。

设计哈夫曼编码的步骤如下。

（1）统计每个字符的出现概率，以出现概率作为各字符的权值，建立一棵哈夫曼树。

（2）给哈夫曼的分支做标记，结点的左分支标记为 0，右分支标记为 1。

（3）记录编码，从根结点到各叶子结点的路径上的标记按顺序组成的二进制串就是相应字符的编码。

## 6.3.4 堆

在对序列排序时常用到堆这种数据结构，用二叉树可以很直观地表示堆，本节从二叉树的角度讨论堆。

### 1．堆的概念

具有 n 个元素的序列 $(k_1, k_2, \cdots, k_n)$，当且仅当满足

$$\begin{cases} k_i \leqslant k_{2i} \\ k_i \leqslant k_{2i+1} \end{cases} i=1, 2\cdots, \lceil n/2 \rceil$$

时，称该序列为一个小根堆，也称最小堆。

具有 n 个元素的序列 $(k_1, k_2, \cdots, k_n)$，当且仅当满足

$$\begin{cases} k_i \geqslant k_{2i} \\ k_i \geqslant k_{2i+1} \end{cases} i=1, 2\cdots, \lceil n/2 \rceil$$

时，称该序列为一个大根堆，也称最大堆。

序列（34，39，44，54，40，93，77，75）是一个小根堆。序列（93，47，74，20，23，56，14，9）是一个大根堆。

上述关于堆的定义不是很直观。如果把堆的顺序存储序列看做一棵完全二叉树的顺序存储，就可以用完全二叉树来直观地表示一个堆。小根堆（34，39，44，54，40，93，77，75）和大根堆（93，47，74，20，23，56，14，9）的完全二叉树表示分别如图 6-23（a）和图 6-23（b）所示。

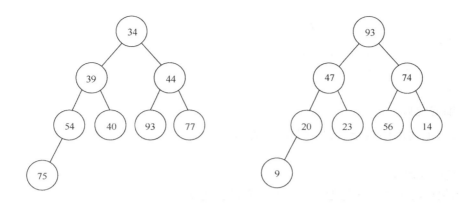

（a）小根堆完全二叉树表示　　　　　　　　（b）大根堆完全二叉树表示

图 6-23　堆的完全二叉树表示

对于小根堆，其对应的完全二叉树有如下特点。

（1）若根结点有左孩子,则根结点的值小于等于左孩子的值。

（2）若根结点有右孩子,则根结点的值小于等于右孩子的值。

（3）根结点的左右子树也是堆。

完全二叉树的根结点称为堆顶。由堆的上述性质可以进一步得知：以树中每个分支结点为根的子树都是堆，且堆顶元素是所有元素中的最小值。这个性质常常用来对数据元素进行排序。

大根堆有相似的特点，此处不再赘述。

### 2．堆的存储结构

从前面对二叉树的介绍可知，可以采用顺序存储结构存储完全二叉树。若表示堆的完全二叉树有 n 个结点，则用顺序存储结构存储该堆的方法如下。

（1）建立一个能够存放堆中最多元素的数组。

（2）从 0 开始，对表示堆的完全二叉树的结点从上至下、从左至右进行编号。

（3）把堆中的元素按序号存储到数组的对应元素中。

例如，图 6-24（a）所示的堆的顺序存储结构如图 6-24（b）所示。

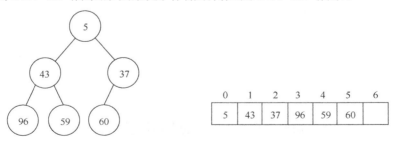

（a）堆　　　　　　　　　　　　　　　（b）存储结构

图 6-24　堆的顺序存储结构

堆的顺序存储类型定义如下。

```
#define MaxSize 200
```

```
typedef int DataType;
typedef struct{
    DataType v[MaxSize];
    int len;
}Heap;
```

### 3. 堆的运算

本节以上述堆结构定义讨论小根堆的基本运算，据此，读者不难写出大根堆的算法描述。

1）初始化堆

初始化堆的主要工作是把堆置为空。算法描述如下。

```
void initHeap( Heap *h )
{
    h->len = 0;
}
```

2）建立堆

建立堆的运算是以一组任意输入的数为基础建立一个堆。建立堆的第一步是以输入的一组数为结点值，按结点值的输入顺序从上到下，每层从左到右建立一棵完全二叉树。在该完全二叉树中，以叶子结点为根的子树只有一个结点，这类子树满足堆的结构特性，不需要进行调整。以分支结点为根的子树可能不满足堆的结构特性，故需要进行调整。

建立堆的第二步是调用算法 adjustHeap，对以分支结点为根的子树进行调整。因为该算法要求待调整结点的左右子树已经是堆，故调整的顺序是从最后一个分支结点（序号为 $\lfloor n/2 \rfloor - 1$）到根结点。

建立堆运算的算法描述如下。

```
void createHeap( Heap *h )
{
    int i;
    DataType elem;
    scanf( "%d", &elem );
    while( elem != -1 )  //输入元素建立完全二叉树
    {
        h->v[h->len] = elem;
        h->len++;
        scanf( "%d", &elem );
    }
    for( i = h->len/2 - 1; i >= 0; i-- )  //从最后一个分支到根结点开始调整
        adjustHeap( h, i );
}
```

3）堆的插入运算

向堆中插入一个元素，需要调整堆中元素的存储位置，并把新元素存储到合适的位置，以保持堆的结构。实现思路如下。

（1）将新元素插入到堆的最后一个元素的后面。

（2）从新结点所在的位置开始逐层向上调整，即如果新结点的值小于其双亲结点的值，则交换它们的值。

（3）当新结点的值大于等于其双亲结点的值或者新结点到达堆顶时，调整过程结束。

在图 6-25（a）所示的小根堆中插入一个数据元素 7 的过程如图 6-25（b）～图 6-25（d）所示。首先将数据元素 7 插入到最后一个元素的后面，如图 6-25（b）所示。比较 7 和其双亲结点的值 58，它小于双亲结点的值，应当交换它们的值，如图 6-25（c）所示。交换以后，新数据元素 7 向上移动一层，再继续比较新数据元素与其双亲结点的值，如果它的值小于其双亲结点的值，则交换它们的值，如图 6-25（d）所示。这时新数据元素已经到达堆顶位置，新的堆已经建立，在堆中插入新元素的过程即可完成。

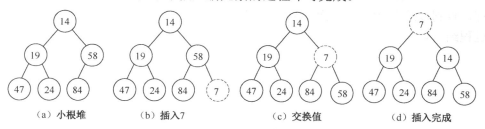

（a）小根堆　　　　　（b）插入7　　　　　（c）交换值　　　　　（d）插入完成

图 6-25　堆的插入运算

堆插入运算的算法描述如下。

```
void insertHeap( Heap *h, DataType elem )
{
    int i, j;
    if( h->len >= MaxSize )
    {
        printf( "The heap is full!\n" );
        exit( 1 );
    }
    h->v[h->len] = elem;
    h->len++;
    i = h->len - 1;
    while( i != 0 )
    {
        j = (i-1)/2;
        if( elem >= h->v[j] )
            break;
        h->v[i] = h->v[j];
        i = j;
    }
    h->v[i] = elem;
}
```

堆的插入运算实际上是一个自下至上调整元素的过程，其主要操作用于新元素和其双亲结点的比较及移动，该比较及移动的次数决定了算法的复杂度，其操作次数不会超过二叉树的深度。对于 n 个结点的堆，插入算法的时间复杂度为 O（$\log_2 n$）。

4）堆的删除运算

堆的删除运算是指删除堆中的一个元素，包括以下 3 种情况。

（1）删除堆中最后一个元素：删除堆中最后一个元素后，剩余元素仍然构成堆，故删除最后一个元素很简单，直接将其删除即可。

（2）删除堆顶元素：删除堆顶元素会改变堆的结构，需要调整堆中剩余元素并使其能够构成堆。

调整的思路如下：删除堆顶元素，把最后一个元素移至堆顶，然后比较该结点值与其左右孩子的值，如果它的值大于其左孩子或右孩子的值，则将它与其值最小的孩子交换。重复这一比较和交换的过程，直到该结点比其左右孩子的值都小，或者该结点已经是叶子结点。

例如，图 6-26（a）所示为一个堆。首先，删除其堆顶元素并将最后一个元素移至堆顶，如图 6-26（b）所示。其次，将该结点与其值最小的孩子交换，如图 6-26（c）所示。继续该过程，直到该结点已经是叶子结点为止，如图 6-26（d）所示。剩下的结点已经构成堆，调整过程结束。

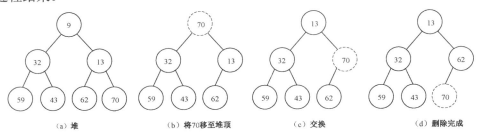

图 6-26　删除堆顶元素

（3）删除堆中其他元素：删除一个既不是最后一个元素，也不是堆顶元素的其他元素后，就会破坏堆的结构，也需要进行调整。调整的思路如下：将该元素与其双亲结点交换，继续此过程，直到需要删除的元素到达堆顶，即可删除该元素。这样就把删除一个其他元素的问题转换为删除堆顶元素的问题。

若在图 6-27（a）所示的堆中删除元素 66，先将 66 与它的双亲结点交换，如图 6-27（b）所示，然后继续将它与其双亲结点交换，直到它到达堆顶位置，如图 6-27（c）所示。这时，堆顶结点的左右子树均满足堆的结构特性，可以调用删除堆顶元素的方法将其删除。

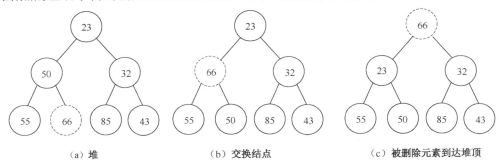

图 6-27　删除堆中的元素

本节给出删除堆顶元素的算法描述。删除堆顶元素的操作分成两步：删除堆顶元素并将最后一个元素移到堆顶位置，同时需要将堆的长度减 1；进行调整，把最后一个元素移到堆顶后会不满足堆的结构特性，故需要将堆顶元素向下调整。

算法 adjustHeap 的作用是将堆中以第 k 个元素为根的子树调整为堆，其要求是该元素的左右子树已经是堆。

```
void adjustHeap( Heap *h, int k )
{
    int i = k;
```

```
        int j = 2*i + 1;
        DataType t = h->v[k];
        while( j < h->len )
        {
            if( j < h->len-1 && h->v[j] > h->v[j+1])
                j++;
            if( t <= h->v[j] )
                    break;
            h->v[i] = h->v[j];
            i = j;
            j = 2*i + 1;
        }
        h->v[i] = t;
    }
```

算法 removeHeapTop 的作用是删除堆顶元素并将最后一个元素移到堆顶位置，然后调用算法 adjustHeap 将堆中剩下的元素调整为堆。

```
DataType removeHeapTop( Heap *h )
{
    int i, j;
    DataType top, t;
    if( h->len == 0 )
    {
        printf( "The heap is empty!\n" );
        exit( 1 );
    }
    top = h->v[0];
    h->len--;
    if( h->len == 0 )
        return top;
    h->v[0] = h->v[h->len];
    adjustHeap( h, 0 );//调整根结点
    return top;
}
```

删除堆顶元素实际上是一个从上至下调整元素的过程，其主要操作用于新元素和其孩子结点的比较及移动，该比较及移动的次数决定了算法的复杂度，其操作次数不会超过二叉树的深度。对于 n 个结点的堆，删除算法的时间复杂度为 O（$\log_2 n$）。

## 6.4  树的存储结构与运算

本节介绍树的存储结构及其基本运算。

### 6.4.1  树的存储结构

这里介绍 3 种树的常用存储方式。

#### 1. 孩子表示法

树中的每个结点存放数据元素和指向其孩子的指针。因为树中每个结点可能有多个孩子，故每个结点需要多个指针域，每个指针指向一个孩子。同时，树中各结点的孩子数量

不相同，故各个结点的指针域也不相同。结点需要一个变量指明其指针域的数量。孩子表示法的结点如下。

| data | num | child$_1$ | child$_2$ | $\cdots$ | child$_{num}$ |

这种结构属于不定长的结点结构，不会浪费指针域空间，但是运算较不方便。

为了方便运算，可以把不定长结点结构改变为定长结点结构，所有结点的指针域数量相同，其值等于树的度，这就使得所有结点的结构完全一样，其结点如下。

| data | child$_1$ | child$_2$ | $\cdots$ | child$_d$ |

这种定长结构方便运算，但有些结点会存在空指针域，从而浪费存储空间。

### 2. 孩子兄弟表示法

使用孩子兄弟表示法时，树中的每个结点有一个数据域和两个指针域。其中，数据域存储数据，左指针域存储指向其第一个孩子结点的指针，右指针域指向其下一个兄弟结点的指针。这种表示法要求结点的孩子之间有明确的顺序关系，比较适用于表示有序树。

图 6-28（a）所示的树的孩子兄弟表示法如图 6-28（b）所示。

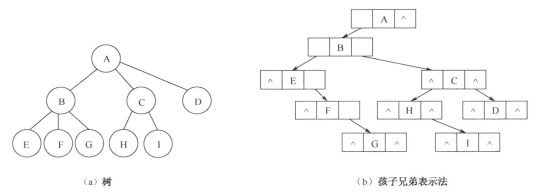

（a）树　　　　　　　　　　　　　　　（b）孩子兄弟表示法

图 6-28　树的孩子兄弟表示法

孩子兄弟表示法的结点类型定义如下。

```
#define MaxNode 200
typedef char DataType; //结点数据类型
typedef struct tnode
{
    DataType data;
    struct tnode *firstchild;
    struct tnode *nextsibling;
}CSTreeNode;
```

### 3. 双亲表示法

双亲表示法可以用一组连续的存储单元存储树中的所有结点。每个结点包含两个域：数据域和指针域。数据域存储结点数据，指针域存储双亲结点在连续存储单元中的下标。

图 6-28（a）所示的树的双亲表示法如图 6-29 所示。

| 1 | 2 | 3 | 4 | 5 | 6 | 7 | 8 | 3 |
|---|---|---|---|---|---|---|---|---|
| A | B | C | D | E | F | G | H | I |
| 0 | 1 | 1 | 1 | 2 | 2 | 2 | 3 | 3 |

图 6-29　树的双亲表示法

在树中，每个结点都只有唯一的双亲结点，故利用双亲表示法可以比较容易地查找结点的双亲结点。但是它不利于查找结点的孩子结点，当要查找结点的孩子结点时需要遍历所有结点，效率较低。

双亲表示法的结点类型定义如下。

```
#define MaxNode 200
typedef char DataType; //结点数据类型
typedef struct
{
    DataType data;
    int parent;
}TNode;
typedef struct
{
    TNode nodes[MaxNode];
    int n;
}PTree;
```

## 6.4.2　树的运算

这里以定长方式的孩子表示法作为树的存储结构。其结点类型定义如下。

```
#define N 10 //树的度，即所有结点的最大孩子数
typedef char DataType; //结点数据类型
typedef struct tnode
{
    DataType data;
    struct tnode *child[N];
}TreeNode;
```

这里以上述树的结点类型为基础介绍树的运算。

### 1. 建立树的存储结构

建立树的存储结构需要输入树的数据，输入时用广义表表示树，结点的孩子用一个括号括起来，紧跟在结点后面，孩子之间用逗号分隔开。图 6-28（a）所示的树用广义表 A(B(E，F，G)，C(H，I)，D)表示。建立树的存储结构的算法描述如下。

```
#define M 30
TreeNode* createTree( char a[] ) //数组a为树的字符串表示
{
    TreeNode *s[M], *root, * t;
    int link[M], i, j, top;
    i = 0; root = NULL; top = -1;
    while( a[i] )
```

```
        {
            switch( a[i] )
            {
            case ' ':break;
            case '(': top++; s[top] = t; link[top] = 0;break;
            case ')': top--; break;
            case ',': link[top]++; break;
            default:
                t = (TreeNode*)malloc( sizeof(TreeNode) );
                t->data = a[i];
                for( j = 0; j < N; j++ )
                    t->child[j] = NULL;
                if( NULL == root )
                    root = t;
                else
                    s[top]->child[link[top]] = t;
            }
            i++;
        }
    return root;
}
```

## 2. 先序遍历

先序遍历的思路如下。

（1）访问根结点。

（2）先序遍历树的每棵子树。

例如，图 6-28（a）所示的树的先序遍历结果为 A B E F G C H I D。

先序遍历的算法描述如下。

```
void preOrderTree( TreeNode *root )
{
    int i;
    if( NULL != root )
    {
        printf( "%c ", root->data );
        for( i = 0; i < N; i++ )
            preOrderTree( root->child[i] );
    }
}
```

## 3. 后序遍历

后序遍历的思路如下。

（1）后序遍历树的每棵子树。

（2）访问根结点。

例如，图 6-28（a）所示的树的后序遍历结果为 E F G B H I C D A。

后序遍历的算法描述如下。

```
void postOrferTree( TreeNode *root )
{
    int i;
    if( NULL != root )
```

```
            {
                for( i = 0; i < N; i++ )
                        postOrferTree( root->child[i] );
                printf( "%c ", root->data );
            }
        }
```

#### 4．层次遍历

层次遍历又称按层遍历。从根结点开始，从上至下逐层访问树中各层，对各层的结点采用从左到右的顺序逐个遍历。例如，图 6-28（a）所示的树的层次遍历结果为 A B C D E F G H I。

层次遍历需要设置一个队列，将已访问结点的孩子结点保存在队列中。算法的思路如下。

（1）如果根结点不为空，则将其入队。

（2）如果队列不空，则队头结点出队并访问该结点，然后将该结点的所有孩子入队。

（3）重复执行步骤（2）直到队列为空。

层次遍历的算法描述如下。

```
    void layerOrderTree( TreeNode *root )
    {
        int i;
        TreeNode *t;
        SeqQueue btQueue;//建立顺序队列,队列元素为指向结点的指针
        initQueue( &btQueue );
        if( NULL != root )
            InsQueue( &btQueue, root );
        while( !isEmpty( btQueue ) )
        {
            t = outQueue( &btQueue );
            printf( "%c ", t->data );
            for( i = 0; i < N; i++ )
            {
                    if( NULL != t->child[i] )
                    InsQueue( &btQueue, t->child[i] );
            }
        }
    }
```

#### 5．求树的深度

树的深度等于所有子树的最大深度加 1。故要求树的深度，必须先求其子树的深度。可以用递归方法来实现求树的深度的算法，其算法描述如下。

```
    int getTreeDepth( TreeNode *root )
    {
        int i, max, depth;
        if( NULL == root )
            return 0; //空树的深度为0
        else
        {
            max = 0;
            for( i = 0; i < N; i++ )  //求出根结点所有子树的深度,最大值为max
            {
                    depth = getTreeDepth( root->child[i] );
```

```
                        if( depth > max )
                            max = depth;
                    }
                }
                return max+1;
        }
```

## 6.5  森林

### 6.5.1  森林与二叉树的转换

一组树构成的集合称为森林。

通过 6.4 节的介绍我们知道，用孩子兄弟表示法可以用二叉树表示一棵树，即通过孩子兄弟表示法可以把一棵树转换成二叉树。森林是由一组树组成的，故可以通过这种方法将森林转换成二叉树。

将森林 $F=\{T_1, T_2, \cdots, T_n\}$ 转换成二叉树 B 的思路如下。

（1）如果森林 F 为空，则二叉树 B 为空树。

（2）如果森林 F 不空，则森林中第一棵树 $T_1$ 的根为二叉树 B 的根，$T_1$ 的所有子树构成的子树森林转换的二叉树为 B 的左子树，由 F 中其他树构成的森林 $\{T_2, \cdots, T_n\}$ 转换的二叉树为 B 的右子树。

图 6-30 所示为 3 棵树构成的森林。

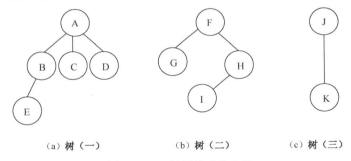

（a）树（一）     （b）树（二）     （c）树（三）

图 6-30  三棵树构成的森林

将图 6-30 所示的森林转换为二叉树后如图 6-31 所示。

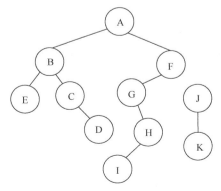

图 6-31  由森林转换得到的二叉树

### 6.5.2　森林的遍历

对森林的遍历，常用的方法有先序遍历和中序遍历。

**1．先序遍历**

先序遍历森林的思路如下。

（1）访问第一棵树的根结点。

（2）先序遍历第一棵树根结点的子树森林。

（3）先序遍历森林中其余树构成的森林。

例如，先序遍历图 6-30 所示的森林的结果为 A B E C D F G H I J K。

**2．中序遍历**

中序遍历森林的思路如下。

（1）中序遍历第一棵树根结点的子树森林。

（2）访问第一棵树的根结点。

（3）中序遍历森林中其余树构成的森林。

例如，后序遍历图 6-30 所示的森林的结果为 E B C D A G I H F K J。

森林的先序遍历结果与转换后的二叉树的先序遍历结果相同。森林的中序遍历结果与转换后的二叉树的中序遍历结果相同。

## 习　题

6.1　假设通信电文使用的字符集为{a,b,c,d,e,f,g}，字符的哈夫曼编码依次为 0110、10、110、111、00、0111 和 010。

（1）请根据哈夫曼编码画出此哈夫曼树，并在叶子结点中标注相应字符。

（2）这些字符在电文中出现的频度分别为 3、35、13、15、20、5 和 9，求该哈夫曼树的带权路径长度。

6.2　编写算法，能从大到小遍历一棵二叉排序树。

6.3　假设二叉树用左右链表示。编写算法，判别给定二叉树是否为完全二叉树。

6.4　编写算法，计算给定二叉树中叶子结点的个数。

6.5　假设一个仅包含二元运算符的算术表达式以链表形式存储在二叉树 BT 中，编写算法，计算该算术表达式的值。

6.6　编写算法，将二叉树表示的表达式二叉树按中缀表达式输出，并加上相应的括号。

6.7　有 n 个结点的完全二叉树存放在一维数组 A[n]中。编写算法，将其转化为一棵用二叉链表表示的完全二叉树，根由 tree 指向。

6.8　二叉树采用二叉链表存储。编写算法，计算二叉树最大宽度（二叉树的最大宽度指二叉树所有层中结点个数的最大值）。

6.9　假设以双亲表示法作为树的存储结构，写出双亲表示的类型说明，并编写算法，求给定的树的深度（已知树中结点数）。

6.10　以孩子兄弟链表为存储结构，分别编写递归和非递归算法，求树的深度。

6.11　在二叉树中查找值为 x 的结点，编写算法，输出值为 x 的结点的所有祖先，假设值为 x 的结点不多于一个，并分析该算法的时间复杂度。

6.12　编写算法，求以孩子兄弟表示法存储的森林的叶子结点数。

# 第7章 图

图是一种应用非常广泛的数据结构，常用的领域有电子计算机、计算机网络、通信工程、人工智能等。

在图中，结点之间的关系比线性表和树更为复杂。在线性表中，一个数据元素只和它的前驱和后继元素有关系。在树中，一个结点只和它的双亲和孩子结点有关系。而在图中，每个顶点都可能和其他任意顶点有关系。这就使得图的存储和图的运算都比前两种数据结构更加复杂。

## 7.1 概述

### 7.1.1 图的相关概念

图可以用一个二元组 G=<V，E>来表示，其中 V 是图的顶点的非空有限集，E 是图的边的集合，E 的元素为连接 V 中两个结点的边，E 是二元组的集合 E={<u，v>|u，v∈V，u≠v}。如果<u，v>是图 G 的一条边，则称顶点 u 和 v 相邻，并称顶点 u 和 v 与边<u，v>相关联。用记号‖V‖和‖E‖分别表示图 G 的顶点数和边数。

如果在一个图中，①不存在环，即不存在从一个顶点到自身的边；②不存在多重边，任意两个顶点之间只有一条边，则称该图为简单图。

如果不做说明，本书仅讨论简单图。

如果图的边集 E 的元素<u，v>是无序的，则称图为无向图。图 7-1 所示为无向图。

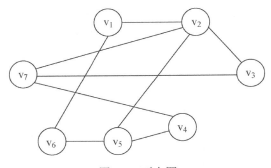

图 7-1　无向图

如果图的边集 E 的元素<u，v>是有序的，则称图为有向图。在有向图中，顶点 u 称为边<u，v>的起点，顶点 v 称为边<u，v>的终点。图 7-2 所示为有 6 个顶点的有向图。

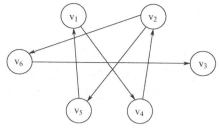

图 7-2 有向图

给定图 G，令 n=‖V‖，e=‖E‖，n 和 e 分别表示图 G 的顶点数和边数。对于无向图 G，如果任意两点之间都有边相连，图的边数达到最大值 n（n-1）/2，则称图 G 为无向完全图。对于有向图 G，如果任意两点之间都有边相连，图的边数达到最大值 n（n-1），则称图 G 为有向完全图。

给定一个具有 n 个顶点的无向图 G，其边数的取值为[0，n（n-1）/2]。同样的，给定一个具有 n 个顶点的有向图 G，其边数的取值为[0，n（n-1）]。边数很少的图称为稀疏图，边数较多的图称为稠密图。

设有两个图 G=<V，E>和 G'=<V'，E'>，如果有 V'⊆V 且 E'⊆E，则称图 G'是图 G 的子图。

在图 G 中，与一个顶点 v 相关联的边数称为顶点 v 的度。对于有向图，以顶点 v 为起点的有向边的条数称为顶点 v 的出度，以顶点 v 为终点的有向边的条数称为顶点 v 的入度。有向图中顶点 v 的度等于其出度及入度之和。

关于顶点的度有如下性质成立。

性质 1：图 G 中所有顶点的度之和等于边数之和的 2 倍。

性质 2：有向图 G 中所有顶点的出度之和等于所有顶点的入度之和，并且都等于图的边数。

在实际应用中，常给图的边赋予一个值，称为边的权值。如果图的边带有权值，则被称为带权图，否则称为非带权图。图 7-3 所示为一个带权图。

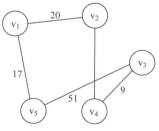

图 7-3  带权图

## 7.1.2  图的连通性

图 G 的一个顶点序列为（$v_0$，$v_1$，…，$v_n$），其中<$v_k$，$v_{k+1}$>∈E，0≤k≤n-1，称为从顶点 $v_0$ 到顶点 $v_n$ 的一条路径，$v_0$ 和 $v_n$ 分别称为路径的起点和终点。路径所包含的边的数目称为路径长度。如果路径中没有顶点重复出现，则称该路径为简单路径。如果路径的起点和终点相同，则称该路径为回路。例如，在图 7-1 所示的图中，（$v_1$，$v_2$，$v_7$）和（$v_1$，

$v_2$，$v_5$，$v_4$，$v_7$）是从 $v_1$ 到 $v_7$ 的两条路径，其长度分别为 2 和 4；（$v_1$，$v_2$，$v_5$，$v_6$，$v_1$）为一条回路。

在无向图中，如果从顶点 u 到顶点 v 有一条路径，则称顶点 u 和顶点 v 是连通的。如果无向图中任意两个顶点都是连通的，则称该图为连通图，否则称之为非连通图。

图 7-4（a）所示为一个具有 5 个顶点的连通图，图 7-4（b）所示为一个具有 5 个顶点的非连通图。

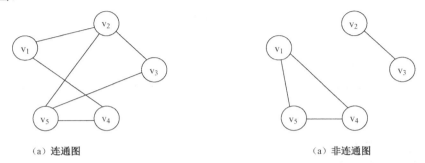

（a）连通图　　　　　　　　　　　　　　（a）非连通图

图 7-4　连通图和非连通图

在有向图中，对于图中任意两个结点 u 和 v，u≠v，若从 u 到 v 和从 v 到 u 都存在路径，则称图 G 是强连通图。

对于有向图中的任意两个顶点 u 和 v，如果仅存在一条从 u 到 v 的有向路径，或者仅存在一条从 v 到 u 的有向路径，则称该有向图是单向连通的。

如果不考虑有向图中边的方向，将其看做无向图是连通的，则称该有向图是弱连通的。

根据有向图连通性的定义，如果有向图是强连通的，则必定是单向连通的；如果有向图是单向连通的，则必定是弱连通的。

若一个无向图是连通图，且没有回路，则称该图为树。有 n 个结点的图如果是树，则该图中只有 n-1 条边，在树中任意添加一条边都会构成回路。

一个无向连通图 G 的生成树是图 G 的子图，该子图是树且包含图 G 的全部顶点。一个无向图可能包含多个生成树，如图 7-1 的一棵生成树如图 7-5 所示。

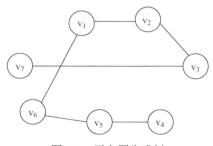

图 7-5　无向图生成树

### 7.1.3　图的基本操作

图的常用运算如下。

（1）初始化：建立图的存储结构。

（2）判断图的类型：判断一个图是有向图还是无向图。

（3）求图的顶点数：计算并返回图的顶点数目。

（4）求图的边数：计算并返回图的边数。

（5）插入边：在图中插入一条边。

（6）删除边：删除图中的一条边。

（7）判断两个顶点是否相邻：给定两个顶点，判断它们是否相邻。

（8）计算一个顶点的度：给定一个顶点，计算它的度。

（9）计算一个顶点的出度：在有向图中，给定一个顶点，计算它的出度。

（10）计算一个顶点的入度：在有向图中，给定一个顶点，计算它的入度。

（11）遍历图的所有顶点：从图的任意一个顶点出发，遍历图的所有顶点。

（12）求两个顶点之间的最短路径：给定两个顶点，求它们之间的最短路径。

## 7.2 图的存储结构

### 7.2.1 图的邻接矩阵表示

图的邻接矩阵表示用一个矩阵来存储图中顶点的邻接关系。对于一个有 n 个顶点的图，其邻接矩阵是一个 n 行 n 列的矩阵。对于非带权图，其邻接矩阵为 a，则 a 的元素为

$$a_{ij} = \begin{cases} 0 & v_i \text{和} v_j \text{不相邻接} \\ 1 & v_i \text{和} v_j \text{相邻接} \end{cases}$$

对于带权图，其邻接矩阵为 a，边 $<v_i, v_j>$ 的权值为 $w_{ij}$，则 a 的元素为：

$$a_{ij} = \begin{cases} 0 & i=j \\ \infty & v_i \text{和} v_j \text{不相邻接} \\ W_{ij} & v_i \text{和} v_j \text{相邻接} \end{cases}$$

图 7-6 所示为一个无向图及其邻接矩阵。无向图的邻接矩阵是一个对称矩阵。在无向图的邻接矩阵中，第 i 行的 1 元素的个数就是顶点 $v_i$ 的度。

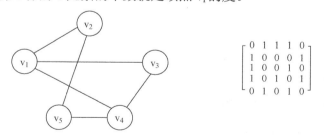

$$\begin{bmatrix} 0 & 1 & 1 & 1 & 0 \\ 1 & 0 & 0 & 0 & 1 \\ 1 & 0 & 0 & 1 & 0 \\ 1 & 0 & 1 & 0 & 1 \\ 0 & 1 & 0 & 1 & 0 \end{bmatrix}$$

图 7-6　无向图及其邻接矩阵

图 7-7 所示为一个有向图及其邻接矩阵。有向图的邻接矩阵不一定是一个对称矩阵。在有向图的邻接矩阵中，第 i 行 1 元素的个数就是顶点 $v_i$ 的出度，第 i 列 1 元素的个数就是顶点 $v_i$ 的入度。

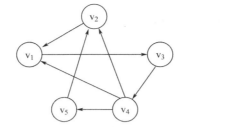

$$\begin{bmatrix} 0 & \infty & 1 & \infty & \infty \\ 1 & 0 & \infty & \infty & \infty \\ \infty & \infty & 0 & 1 & \infty \\ 1 & 1 & \infty & 0 & 1 \\ \infty & 1 & \infty & \infty & 0 \end{bmatrix}$$

图 7-7　有向图及其邻接矩阵

图的邻接矩阵的存储结构如下。

```
#define N 20 //最大的图的顶点数
typedef struct graph
{
    int vCnt;
    int type; //图的类型,0表示无向图,1表示有向图
    int adjMatrix[N][N]; //静态分配一个二维数组,以存储图的邻接矩阵
}Graph;
```

以上述结构定义为基础，图的常用算法描述如下：

### 1. 初始化

```
Graph* initGraph( int vCnt, int type )
{
    int i, j;
    Graph* graph = malloc( sizeof(Graph) );
    graph->vCnt = vCnt; //图的顶点数应小于或等于n
    graph->type = type;
    for( i = 0; i < vCnt; i++ )
        for( j = 0; j < vCnt; j++ )
            graph->adjMatrix[i][j] = 0;
    return graph;
}
```

初始化主要根据输入的图的顶点数和图的类型动态申请图的存储单元。

### 2. 判断图的类型

```
int getType( Graph *g )
{
    return g->type;
}
```

### 3. 求图的顶点数

```
int getVCount( Graph *g )
{
    return g->vCnt;
}
```

### 4. 求图的边数

```
int getECount( Graph *g )
{
    int i, j;
    int eCnt = 0;
```

```
            for( i = 0; i < g->vCnt; i++ )
            {
                for( j = 0; j < g->vCnt; j++ )
                {
                    if( 1 == g->adjMatrix[i][j] )
                        eCnt++;
                }
            }
        if( g->type == 0 )  //如果是无向图,则应将边数除以2,以避免重复计算
            eCnt /= 2;
        return eCnt;
        }
```

### 5. 插入边

```
void insertEdge( Graph *g, int u, int v )
{
    if( g->type == 0 )
    {
        g->adjMatrix[u-1][v-1] = 1;//如果是无向图,则要设置矩阵的对称元素
        g->adjMatrix[v-1][u-1] = 1;
    }
    else
        g->adjMatrix[u-1][v-1] = 1;
}
```

### 6. 删除边

```
void deleteEdge( Graph *g, int u, int v )
{
    if( g->type == 0 )
    {
        g->adjMatrix[u-1][v-1] = 0;//如果是无向图,则要设置矩阵的对称元素
        g->adjMatrix[v-1][u-1] = 0;
    }
    else
        g->adjMatrix[u-1][v-1] = 0;
}
```

### 7. 判断两个顶点是否相邻接

```
int isAdjacent( Graph *g, int u, int v )
{
    return g->adjMatrix[u-1][v-1];
}
```

### 8. 计算一个顶点的度

```
int getDegree( Graph *g, int u )
{
    int i, j, d = 0;
    if( g->type == 0 )
    {
        for( j = 0; j < g->vCnt; j++ )
            d += g->adjMatrix[u-1][j];
    }
```

```
                else
                {
                        for( j = 0; j < g->vCnt; j++ )
                        //如果是有向图，则顶点的度为其出度及入度之和
                                d += g->adjMatrix[u-1][j];
                        for( i = 0; i < g->vCnt; i++ )
                                d+= g->adjMatrix[i][u-1];
                }
                return d;
}
```

### 9. 计算一个顶点的出度

```
int getOutdegree( Graph *g, int u )
{
        int j, d = 0;
        if( g->type == 0 )
        {
                printf( "Type error!\n" );
        }
        else
        {
                for( j = 0; j < g->vCnt; j++ )
                        d += g->adjMatrix[u-1][j];
        }
        return d;
}
```

### 10. 计算一个顶点的入度

```
int getIndegree( Graph *g, int u )
{
        int i, d = 0;
        if( g->type == 0 )
        {
                printf( "Type error!\n" );
        }
        else
        {
                for( i = 0; i < g->vCnt; i++ )
                        d+= g->adjMatrix[i][u-1];
        }
        return d;
}
```

## 7.2.2 图的邻接表表示

用邻接矩阵表示图时，邻接矩阵需要 n×n 个存储单元。如果图的边数较少，则邻接矩阵中会出现大量的零元素，从而浪费存储空间。为了提高空间利用效率，可以利用链式存储结构来表示图。用一个单链表来存储一个顶点的所有邻接点，用一组单链表来表示图，这种存储方法称为图的邻接表表示。

在无向图的邻接表表示中，用一个单链表来存储一个顶点 v 的所有邻接点，链表的表

头结点对应顶点 v，链表中的每个结点对应顶点 v 的一个邻接点。图 7-8（a）所示为一个无向图，其邻接表表示如图 7-8（b）所示。在无向图的邻接表表示中，以某个顶点为表头结点的链表的长度就是该顶点的度。

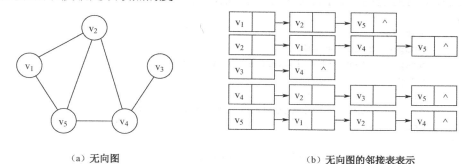

（a）无向图    （b）无向图的邻接表表示

图 7-8　无向图及其邻接表表示

在有向图的邻接表表示中，顶点 v 对应的单链表中存储所有以 v 为起点的边的终点。图 7-9（a）所示为一个有向图，其邻接表表示如图 7-9（b）所示。在有向图的邻接表表示中，以某个顶点为表头结点的链表的长度就是该顶点的出度。

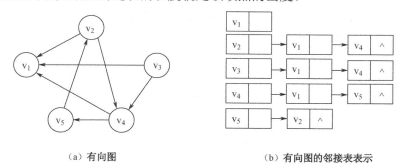

（a）有向图    （b）有向图的邻接表表示

图 7-9　有向图及其邻接表表示

对于有 n 个顶点、e 条边的无向图而言，其邻接表表示需要 n+2e 个链表结点。而对于有 n 个顶点、e 条边的有向图而言，其邻接表表示需要 n+e 个链表结点。

在图的邻接表表示中，各个链表中的结点顺序取决于建立链表时结点的输入顺序，故图的邻接表表示不具有唯一性。

在图的邻接表表示中，结点类型定义如下。

```
typedef struct node
{
    int v;
    struct node *next;
}GNode;
```

图的邻接表类型定义如下。

```
typedef struct graph
{
    int vCnt;
    int type;//图的类型,0表示无向图,1表示有向图
    GNode *lists;
}Graph;
```

这里以上述类型定义为基础讨论图的基本算法描述。

### 1. 初始化

```
Graph* initGraph( int vCnt, int type )
{
    int i;
    Graph *graph = NULL;
    graph = (Graph*)malloc( sizeof(graph));
    graph->vCnt = vCnt;
    graph->type = type;
    graph->lists = (GNode*)malloc( sizeof(GNode)*vCnt);
    for( i = 0; i < vCnt; i++ )
    {
        graph->lists[i].next = NULL;
    }
    return graph;
}
```

### 2. 输入图的顶点和边

输入时，依次输入各顶点及其出边，按以下格式输入：$(v, k, v_1, v_2, \cdots, v_k)$，其中，
v 为顶点；k 为顶点 v 的出边数；$v_1, v_2, \cdots, v_k$ 为顶点 v 的各出边的终点。

```
void inputGraph( Graph *g )
{
    int i, v, n, u;
    GNode *t, *p;
    for( i = 0; i < g->vCnt; i++ )
    {
        scanf( "%d", &v );
        g->lists[i].v = v;
        p = &g->lists[i];
        scanf( "%d", &n );
        while( n > 0 )//依次输入顶点v各出边的终点,并用尾插法插入到v所在的链表中
        {
            scanf( "%d", &u );
            t = (GNode*)malloc( sizeof(GNode) );
            t->v = u;
            t->next = NULL;
            p->next = t;
            p = t;
            n--;
        }
    }
}
```

### 3. 判断图的类型

```
int getType( Graph *g )
{
    return g->type;
}
```

### 4. 求图的顶点数

```
int getVCount( Graph *g )
{
    return g->vCnt;
}
```

### 5. 求图的边数

求图的边数需要遍历图的邻接表中的所有单链表，其算法描述如下。

```
int getECount( Graph *g )
{
    int eNum = 0;
    int i;
    GNode *p;
    for( i = 0; i < g->vCnt; i++ )
    {
        p = &g->lists[i];
        p = p->next;
        while( p != NULL )
            eNum++;
    }
    if( g->type == 0 )  //如果是无向图,则应将边数除以2,以避免重复计算
        eNum /= 2;
    return eNum;
}
```

### 6. 插入边

插入一条从顶点 u 到顶点 v 的边，需要把顶点 v 插入到顶点 u 的单链表中。如果图是无向图，则还要把顶点 u 插入到顶点 v 的单链表中。

```
void insertEdge( Graph *g, int u, int v )
{
    int i;
    GNode *t;
    for( i = 0; i < g->vCnt; i++ )
    {
        if( g->lists[i].v == u )
        {
            t = (GNode*)malloc( sizeof(GNode) );
            t->v = v;
            t->next = g->lists[i].next;
            g->lists[i].next = t;
            break;
        }
    }
    if( g->type == 0 )
    {
        for( i = 0; i < g->vCnt; i++ )
            if( g->lists[i].v == v )
            {
                t = (GNode*)malloc( sizeof(GNode) );
                t->v = u;
```

```
                    t->next = g->lists[i].next;
                    g->lists[i].next = t;
                    break;
                }
        }
}
```

### 7. 删除边

删除一条从顶点 u 到顶点 v 的边，需要把顶点 v 从顶点 u 的单链表中删除。如果是无向图，则还要把顶点 u 从顶点 v 的单链表中删除。

```
void deleteEdge( Graph *g, int u, int v )
{
    int i;
    GNode *p, *t;
    for( i = 0; i < g->vCnt; i++ )
    {
        if( g->lists[i].v == u )
        {
            p = &g->lists[i];
            t = p->next;
            while( t->v != v )
            {
                p = t;
                t = t->next;
            }
            p->next = t->next;
            free( t );
            break;
        }
    }
    if( g->type == 0 )
    {
        for( i = 0; i < g->vCnt; i++ )
            if( g->lists[i].v == v )
            {
                p = &g->lists[i];
                t = p->next;
                while( t->v != u )
                {
                    p = t;
                    t = t->next;
                }
                p->next = t->next;
                free( t );
                break;
            }
    }
}
```

### 8. 判断两个顶点是否相邻接

判断顶点 u 和 v 是否相邻接，需要判断顶点 v 是否在顶点 u 的单链表中。

```
int isAdjacent( Graph *g, int u, int v )
{
    int i;
    GNode *t;
    for( i = 0; i < g->vCnt; i++ )
    {
            if( g->lists[i].v == u )
            {
                    t = &g->lists[i];
                    t = t->next;
                    while( t != NULL )
                    {
                            if( t->v == v )
                                    return 1;
                            else
                                t = t->next;
                    }
                    return 0;
            }
    }
    return 0;
}
```

### 9. 计算一个顶点的度

对于无向图，顶点 u 的度就是它的单链表的长度。对于有向图，顶点 u 的单链表的长度为它的出度，计算它的度时要加上其入度。

```
int getDegree( Graph *g, int u )
{
    int i, d = 0;
    GNode *t;
    for( i = 0; i < g->vCnt; i++ )
    {
        if( g->lists[i].v == u )
        {
            t = &g->lists[i];
            t = t->next;
            while( t != NULL )
            {
                    d++;
                    t = t->next;
            }
            break;
        }
    }
    if( g->type == 1 )
    {
        for( i = 0; i < g->vCnt; i++ )
        {
                t = &g->lists[i];
                t = t->next;
                while( t != NULL )
                {
```

```
                        if( t->v == u )
                        {
                            d++;
                            break;
                        }
                        t = t->next;
                    }
                }
            }
        return d;
    }
```

## 10. 计算一个顶点的出度

一个顶点的出度就是它的单链表的长度，其算法描述如下。

```
int getOutdegree( Graph *g, int u )
{
    int i, d = 0;
    GNode *t;
    for( i = 0; i < g->vCnt; i++ )
    {
        if( g->lists[i].v == u )
        {
            t = &g->lists[i];
            t = t->next;
            while( t != NULL )
            {
                d++;
                t = t->next;
            }
            break;
        }
    }
    return d;
}
```

## 11. 计算一个顶点的入度

计算一个顶点的入度需要遍历所有的单链表，其算法描述如下。

```
int getIndegree( Graph *g, int u )
{
    int i, d = 0;
    GNode *t;
    for( i = 0; i < g->vCnt; i++ )
    {
        t = &g->lists[i];
        t = t->next;
        while( t != NULL )
        {
            if( t->v == u )
            {
                d++;
                break;
            }
            t = t->next;
```

### 7.2.3 图的边集数组表示

在图的边集数组表示中，用两个数组分别存储图的顶点和边。顶点数组存储图的所有顶点，边数组以任意顺序存储图中每一条边的起点、终点及权值。

图 7-10（a）所示为一个无向图，图 7-10（b）和图 7-10（c）是该图边集数组表示法中的两个数组。

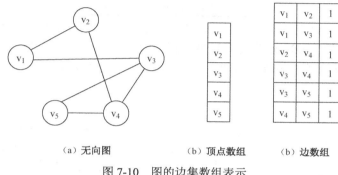

（a）无向图　　　　（b）顶点数组　　　（b）边数组

图 7-10　图的边集数组表示

在图的边集数组表示中，部分运算，如求顶点的度、判断两个顶点是否相邻接、删除一条边等，都需要遍历整个边集数组。

### 7.2.4 图的十字链表表示

在有向图的邻接表表示中，求一个顶点的出度只需要遍历该顶点的单链表即可。而求一个顶点的入度则需要遍历所有顶点的单链表，效率较低。用逆邻接表存储图可以解决该问题。

在有向图的逆邻接表中，用一组单链表来表示图。顶点 v 对应的单链表中存储所有以 v 为终点的边的起点。

图 7-11（a）所示为一个有向图，图 7-11（b）为该图的逆邻接表表示。在有向图的逆邻接表表示中，顶点 v 对应的单链表的长度为顶点 v 的入度。

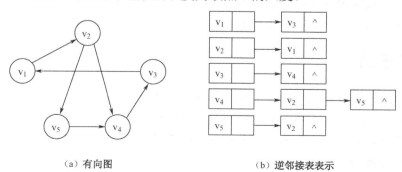

（a）有向图　　　　　　　　　　（b）逆邻接表表示

图 7-11 有向图的逆邻接表表示

图的邻接表表示便于求顶点的出度，但不便于求顶点的入度。图的逆邻接表便于求顶点的入度，但不便于求顶点的出度。

在实际应用中，可以把图的邻接表和逆邻接表结合起来，形成图的十字链表表示方法。在图的十字链表表示中，有两类结点：顶点结点和边结点。

顶点结点表示图的一个顶点，其数目与图的顶点数目相等。顶点结点的结构如下。

| data | inEdge | outEdge |
| --- | --- | --- |

其中，data 是数据域，记录顶点信息；inEdge 和 outEdge 是指针域，inEdge 指向终点为该顶点的第一个边结点，outEdge 指向起点为该顶点的第一个边结点。

边结点表示图的一条边，其数目与图的边数相等。边结点的结构如下。

| start | end | inNext | outNext |
| --- | --- | --- | --- |

其中，start 和 end 是数据域，记录该边的起点和终点；inNext 是指针域，指向终点为 end 的下一个边结点；outNext 也是指针域，指向起点为 start 的下一个边结点。

图 7-12（a）为一个有向图，图 7-12（b）为其十字链表表示。

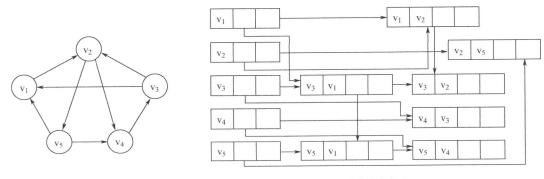

(a) 有向图 　　　　　　　　　　　　(b) 十字链表表示

图 7-12　有向图及其十字链表表示

顶点 $v_1$ 有两条入边，它们的起点分别是 $v_3$ 和 $v_5$。$v_1$ 的顶点结点的 inEdge 指针指向起点和终点分别是 $v_3$ 和 $v_1$ 的边结点，该边结点的 inNext 指针又指向起点和终点分别是 $v_5$ 和 $v_1$ 的边结点，通过这种方式，将顶点 $v_1$ 的所有入边连接起来。

顶点 $v_3$ 有两条出边，它们的终点分别是 $v_1$ 和 $v_2$。$v_3$ 顶点结点的 outEdge 指针指向起点和终点分别是 $v_3$ 和 $v_1$ 的边结点，该边结点的 outNext 指针又指向起点和终点分别是 $v_3$ 和 $v_2$ 的边结点，通过这种方式，将顶点 $v_3$ 的所有出边链接起来。

在图的十字链表表示中，既能方便地求结点的出度，又能方便地求结点的入度。

## 7.3　图的遍历

图的遍历是指从图的任一顶点出发，访问且仅访问每个顶点一次。常用的遍历方法有两种，深度优先遍历（depth-first search，DFS）和广度优先遍历（breadth-first search，BFS）。

深度优先遍历和广度优先遍历对无向图和有向图都适用，本节以无向图为例介绍图的深度和广度优先遍历。

### 7.3.1 图的深度优先遍历

图的深度优先遍历的过程：从图的任一顶点 $v_1$ 开始，访问 $v_1$，再访问 $v_1$ 的一个邻接点 $v_2$，然后访问 $v_2$ 的一个邻接点 $v_3$，……，一直到顶点 $v_k$，$v_k$ 的所有邻接点都已经访问。这样就形成了一个顶点的访问序列 $v_1$，$v_2$，…，$v_k$。因为 $v_k$ 的所有邻接点都已经访问，这时不需要再考查顶点 $v_k$ 了，而是要回退一步，考查顶点 $v_{k-1}$，如果顶点 $v_{k-1}$ 还有没被访问的邻接点，则继续访问它。如果顶点 $v_{k-1}$ 的所有邻接点都已经访问，则继续回退一步。当顶点 $v_1$ 的所有邻接点都已经访问完，则完成了对图的遍历。这样就形成了一个顶点的回退序列 $v_k$，$v_{k-1}$，…，$v_1$。

顶点的访问序列 $v_1$，$v_2$，…，$v_k$ 和顶点的回退序列 $v_k$，$v_{k-1}$，…，$v_1$ 顺序相反，具有后进先出的特点，符合栈的结构特性。

图 7-13 所示为图的深度优先遍历过程。从顶点 0 出发，依次访问顶点 1、2、3、6，因为顶点 6 的所有邻接点已经访问，如图 7-13（e）所示，所以需要回退一步，访问顶点 3 的未访问的邻接点，即顶点 7。因为顶点 7 的所有邻接点已经访问，所以需要回退一步考查顶点 3，顶点 3 的所有邻接点已访问，需要进一步回退考查顶点 2，并访问顶点 2 还未访问的邻接点，如图 7-13（f）所示。依次进行下去，可得到该图的一个遍历序列：0、1、2、3、6、7、4、5。

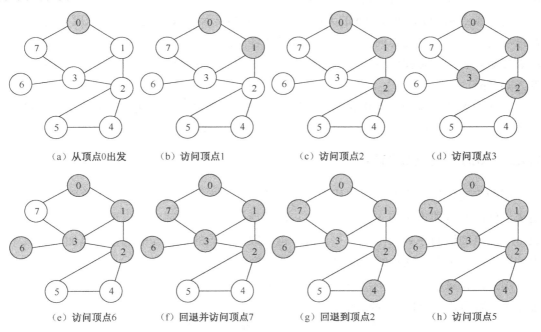

（a）从顶点0出发　　（b）访问顶点1　　（c）访问顶点2　　（d）访问顶点3

（e）访问顶点6　　（f）回退并访问顶点7　　（g）回退到顶点2　　（h）访问顶点5

图 7-13　图的深度优先遍历过程

对同一图，选择不同的出发点，以及按不同的顺序选择一个顶点的邻接点，都可能得到不同的遍历序列。

深度优先遍历算法可以用递归的方法实现。实现深度优先遍历算法时，可以在邻接矩阵，也可以在邻接表的基础上实现，这里以邻接矩阵为例介绍深度优先遍历的递归实现，其算法描述如下。

```
void dfs( Graph *g, int v, int *visited )
{
    int i;
    printf( "%d ", v ); //遍历顶点v
    visited[v] = 1; //修改状态数组
    for( i = 0; i < g->vCnt; i++ )
    {
        if( g->adjMatrix[v][i] == 1 && visited[i] == 0 )
        //寻找顶点v的未访问邻接点
        {
            dfs( g, i, visited ); //进行递归调用
        }
    }
}
```

在函数 dfs 的参数中，v 是遍历起始顶点，visited 是状态数组，如果顶点 u 未访问，则 visited[u] 为 0，否则为 1。

深度优先遍历算法也可以用非递归的方法遍历。因为顶点的访问序列和顶点的回退序列具有后进先出的特性，所以用非递归的方法实现深度优先遍历时要设置一个栈，用以记录顶点的访问序列，读者可自行尝试实现。

对于顶点数为 n、边数为 e 的无向图，其邻接表表示有 2e 个边结点，深度优先遍历时，在最坏的情况下，需要访问每个顶点和每条边各一次，故其时间复杂度为 O（n+e）。如果用邻接矩阵表示，寻找所有顶点的邻接点需要访问其邻接矩阵的所有元素，故其时间复杂度为 O（$n^2$）。

用递归方法实现的深度优先遍历算法，其空间复杂度取决于递归调用的层次。对于顶点数为 n 的图，其递归调用的层次最多为 n，故其空间复杂度为 O（n）。

## 7.3.2  图的广度优先遍历

图的广度优先遍历的过程：从图的任一顶点 u 出发，访问顶点 u，并记录顶点 u 所有还未访问的邻接顶点序列 $v_1$，$v_2$，…，$v_k$，然后依次从该序列中取出顶点并访问，从而形成一个顶点的访问序列 $v_1$，$v_2$，…，$v_k$，再将取出顶点的未访问的邻接顶点加入到该序列中。当该序列中没有顶点时即可完成对图的广度优先遍历。

顶点的记录序列 $v_1$，$v_2$，…，$v_k$ 和顶点的访问序列 $v_1$，$v_2$，…，$v_k$ 顺序相同，具有先进先出的特点，符合队列的结构特性。

图 7-14 所示为图的广度优先遍历过程。从顶点 0 出发，先访问顶点 0，并记录顶点 0 的两个未访问的顶点 1 和 7；访问顶点 1，并记录它的两个未访问的顶点 3 和 2；访问顶点 7，因为顶点 7 没有未访问的顶点了，故只需访问下一个顶点 3。如此进行下去，可得到该图的一个遍历序列：0、1、7、3、2、6、4、5。

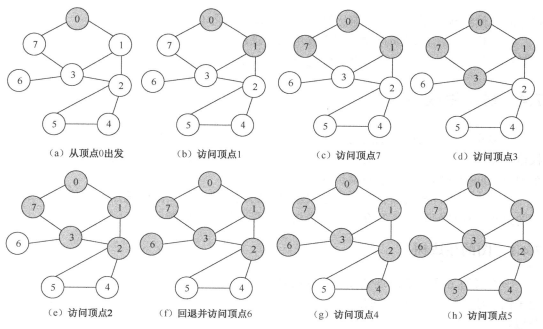

| (a) 从顶点0出发 | (b) 访问顶点1 | (c) 访问顶点7 | (d) 访问顶点3 |
| (e) 访问顶点2 | (f) 回退并访问顶点6 | (g) 访问顶点4 | (h) 访问顶点5 |

图 7-14　图的广度优先遍历过程

　　与深度优先遍历一样，广度优先遍历得到的遍历序列也不唯一。

　　广度优先遍历算法只能用非递归的方法实现。因为顶点的记录序列和顶点的访问序列具有先进先出的特性，所以用非递归的方法实现广度优先遍历时要设置一个队列，因此记录顶点序列。同时，还需要一个状态数组 visited，如果顶点 u 未访问，则 visited[u]为 0，否则为 1。其算法描述如下。

```
void bfs( Graph *g, int v )
{
    int t, i;
    int* visited = (int*)malloc(sizeof(int)*g->vCnt); //状态数组
    for( i = 0; i < g->vCnt; i++ )
            visited[i] = 0;
    SeqQueue gQueue;
    initQueue( &gQueue );
    InsQueue( &gQueue, v ); //将起始顶点入队
    while( !isEmpty( gQueue ) )  //检查队列是否为空
    {
        t = outQueue( &gQueue ); //队头元素出队,并保存队头元素
        printf( "%d ", t ); //访问顶点
        visited[t] = 1; //更新状态数组
        for( i = 0; i < g->vCnt; i++ )
        {
            if( g->adjMatrix[t][i] == 1 && visited[i] == 0 )
                InsQueue( &gQueue, i );//将已访问顶点的未访问邻接点入队
        }
    }
}
```

　　当采用邻接表存储结构时，广度优先遍历算法的时间复杂度为 O（n+e）。如果采用邻

接矩阵存储结构，则广度优先遍历算法的时间复杂度为 O（n²）。

广度优先遍历的辅助存储空间主要用来记录顶点序列，在最坏的情况下，图的所有顶点都需要保存到队列中，故广度优先遍历的空间复杂度为 O（n）。

## 7.4  最小生成树

很多实际问题用图来描述时，需要给图的边加上权值。例如，在交通网络图中，边的权值可以代表两个顶点之间的距离、通行时间等。在通信网络图中，边的权值可以代表两个顶点之间的通信时间、线路维护成本等。

在带权图中，连接所有顶点且总权值最小的边集常常是关注的重点，这就是本节要介绍的最小生成树问题。本节介绍无向带权图的最小生成树问题。

### 7.4.1  图的生成树

一个具有 n 个顶点的连通图的生成树是指包含其全部 n 个顶点，且只有 n-1 条边的连通子图。对于具有 n 个顶点的连通图，要保证其有 n 个顶点的子图的连通性，最少需要 n-1 条边。

一个图常具有多棵生成树。把图的生成树的边权值相加可得到生成树的权。生成树权最小的树称为图的最小生成树。

图 7-15（a）所示为一个图，它的两棵生成树如图 7-15（b）和图 7-15（c）所示。生成树图 7-15（b）的权为 61，生成树图 7-15（c）的权为 40。生成树图 7-15（c）是图 7-15（a）的最小生成树。

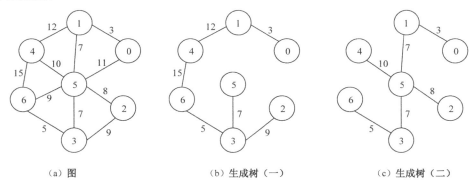

（a）图                     （b）生成树（一）              （c）生成树（二）

图 7-15  图的生成树

普里姆算法和克鲁斯卡尔算法是构造最小生成树的常用的两种算法。

### 7.4.2  普里姆算法

普里姆算法需要用到两个概念，这里先介绍这两个概念，然后介绍普里姆算法。

（1）顶点到集合的最短边：一个顶点到一个顶点集合的最短边是指从该顶点到集合中的所有顶点的边中，权值最小的一条边。

在图 7-16 中，顶点集合为{1，2，3}，从顶点 0 到该集合的 3 个顶点都有边相连（有时，从该顶点到集合中的部分顶点无边相连），3 条边的权值分别为 5、9、8，最小值为 5，所以，从顶点 0 到集合{1，2，3}的最短边为顶点 0 到顶点 1 的边，其权值为 5。

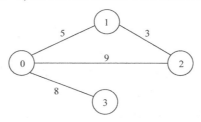

图 7-16　顶点到集合的最短边

（2）集合到集合的最短边：给定顶点集合 A 和顶点集合 B，集合 A 中的每一个顶点到集合 B 都有一个最短边，这些最短边的最小值称为集合 A 到集合 B 的最短边。

例如，图 7-17 中集合 A 为{0，4}，集合 B 为{1，2，3}，集合 A 中顶点 0 到集合 B 的最短边的权为 4，顶点 4 到集合 B 的最短边的权为 8，所以从集合 A 到集合 B 的最短边为从顶点 0 到顶点 2 的边，其权值为 4。

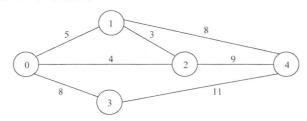

图 7-17　集合到集合的最短边

要构造图 G 的生成树，普里姆算法需要设置两个集合，生成树集合 U 和剩余顶点集合 V。普里姆算法向生成树集合 U 中逐个添加顶点及其关联边，剩余顶点集合 V 包含没有添加到生成树集合的顶点。算法运行结束时，生成树集合就是图的生成树。初始时 U 为空，V 为图 G 中的所有顶点。

普里姆算法过程如下。

（1）从 V 中任选一个顶点 $v_0$ 加入集合 U，并从 V 中去掉顶点 $v_0$。

（2）求从集合 V 中的每一个顶点到集合 U 的最短边。

（3）求从集合 V 到集合 U 的最短边<v，u>，其中 v∈V，u∈U。

（4）将最短边<v，u>及顶点 v 加入到集合 U 中，并从集合 V 中去掉顶点 v。

（5）重复步骤（2）和步骤（4），直到 U 包含了图 G 的所有顶点，此时，U 包含了图 G 最小生成树的所有顶点和边。

在普里姆算法过程中，步骤（2）和步骤（4）每执行一次，集合 U 中只会增加一个顶点和一条边，集合 V 中会减少一个顶点。每次执行步骤（2）的时候都要求是集合 V 中的每一个顶点到集合 U 的最短边。可以利用集合 U 每次只增加一个顶点的特点减少计算量。具体如下：设集合 $U=U_0+\{w\}$，其中 w 是新增加的一个顶点，$U_0$ 是增加之前的集合，现要计算集合 V 中任一顶点 v 到集合 U 的最短边，因为集合 v 到集合 $U_0$ 的最短边已经知道了，设其权值为 d，顶点 v 到顶点 w 的边的权值为 e，则：

$$v\text{到集合}U\text{的最短边}=\begin{cases} v\text{到}U_0\text{的最短边} & d\leqslant e \\ <v,\ w> & d>e \end{cases}$$

这样就把计算顶点 v 到集合 U 的最短边简化为比较新增加边的权值和顶点 v 到原集合的最短边的权，大大减少了计算量。

这里以图 7-15（a）为例说明普里姆算法构造图的生成树的过程。

初始时，U=φ，V={0，1，2，3，4，5，6}，从顶点 0 开始构造图的生成树。表 7-1 显示了普里姆算法构造图的最小生成树的过程，其中，第 3 列显示了集合 V 中每一个顶点到集合 U 的最短边的权值，该权值会随着集合 U 的变化而变化。在第一步中，顶点 5 到集合 U 的最短边的长度为 11，第二步中该最短边的长度变为 7。这是因为在第一步中，集合 U={0}，顶点 5 到集合 U 的最短边为<0，5>，其长度为 11，而第二步中集合 U={0，1}，顶点到集合 U 的最短边为<1，5>，其长度为 7。

表 7-1  普里姆算法的执行过程

| | U | V | | | | | | | 最短边 |
|---|---|---|---|---|---|---|---|---|---|
| 第一步 | {0} | | 1 | 2 | 3 | 4 | 5 | 6 | <0, 1> |
| | | d | 3 | ∞ | ∞ | ∞ | 11 | ∞ | |
| 第二步 | {0, 1} | | | 2 | 3 | 4 | 5 | 6 | <1, 5> |
| | | d | | ∞ | ∞ | 12 | 7 | ∞ | |
| 第三步 | {0, 1, 5} | | | 2 | 3 | 4 | | 6 | <5, 3> |
| | | d | | 8 | 7 | 10 | | 9 | |
| 第四步 | {0, 1, 5, 3} | | | 2 | | 4 | | 6 | <3, 6> |
| | | d | | 8 | | 10 | | 5 | |
| 第五步 | {0, 1, 5, 3, 6} | | | 2 | | 4 | | | <5, 2> |
| | | d | | 8 | | 10 | | | |
| 第六步 | {0, 1, 5, 3, 6, 2} | | | | | 4 | | | <5, 4> |
| | | d | | | | 10 | | | |
| 第七步 | {0, 1, 5, 3, 6, 2, 4} | | | | | | | | |

普里姆算法的描述如下。

```
void Prim (Graph *g, Edge *mst, int v)      //从顶点v出发,求G的最小生成树
{
    int MaxValue = 100000;
    int i, j, k, min, m, t, w ;
    Edge temp; // Edge 表示边结构类型
    for (i=0; i<g->vCnt; i++) //边集数组mst初始化
    {
        if (i<v)
        {
            mst[i].begin=v;
            mst[i].end=i;
            mst[i].weight=g->adjMatrix[v][i];
        }
        else if (i>v)
        {
            mst[i-1].begin=v;
```

```
                    mst[i-1].end=i;
                    mst[i-1].weight=g->adjMatrix[v][i];
            }
    }
    for ( k=0; k<g->vCnt-1; k++)//求出mst的n-1条边
    {
            min = MaxValue;  // MaxValue代表最大权值
            m = k;
            for(j=k; j< g->vCnt-1; j++)  //找到从U到v的最短边
        if ( mst[j].weight<min)
        {
            min = mst[j].weight ;
            m = j ;
        }
        temp= mst[k] ; //把最短边交换到mst[k]位置,此时需要重载
        mst[k]= mst[m] ;
        mst[m]= temp ;
        j= mst[k].end ; // j 用于记录刚进入U的顶点
        for (i=k+1; i<g->vCnt-1; i++)  //检查并修改v中各顶点到U的最短边
        {
                t= mst[i].end ;
                w=g->adjMatrix[j][t];
                if ( w < mst[i].weight )
                {
                        mst[i].weight=w ;
                        mst[i].begin=j ;
                }
        }
    }
}
```

普里姆算法的时间复杂度为 O（$n^2$）。

### 7.4.3 克鲁斯卡尔算法

克鲁斯卡尔算法为求最小生成树的另一个常用算法,用 MST 表示最小生成树边及其邻接的顶点。克鲁斯卡尔算法过程如下。

（1）对图中所有边按权值升序排序,并令 MST 为空。

（2）从边集合中取出权值最小的一条边 e,如果 e 不会与 MST 中的边构成回路,则将 e 加入 MST,否则舍弃该边。

（3）重复执行步骤（2）,直到 MST 中已经包含n-1 条边。

这里以图 7-18（a）为例说明克鲁斯卡尔算法构造图的生成树的过程。如图 7-18（a）～图 7-18（f）所示,依次加入生成树的边为（0,1）,（3,6）,（1,5）,（3,5）,（5,2）,（5,4）。

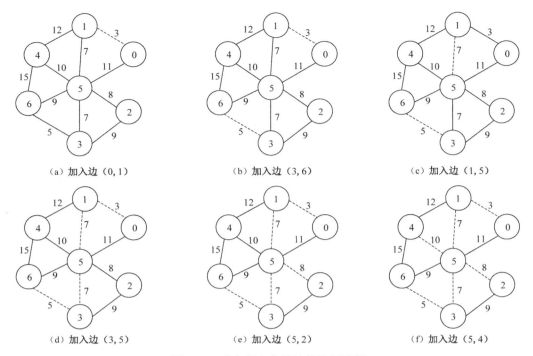

（a）加入边（0,1）　　　　　　（b）加入边（3,6）　　　　　　（c）加入边（1,5）

（d）加入边（3,5）　　　　　　（e）加入边（5,2）　　　　　　（f）加入边（5,4）

图 7-18　克鲁斯卡尔算法的执行过程

尽管有时普里姆算法和克鲁斯卡尔算法构造的最小生成树相同，但是它们选择边的顺序不同。

克鲁斯卡尔算法描述如下。

```
void kruskal( Graph *g, Edge *mst )
{
    int i, j, eCount, k, NUM = 0, edgeNum=0, n1=0, n2=0;
    int **set;
    Edge *edges, tmp;
    eCount = getECount( g );
    edges = (Edge*)malloc(sizeof(Edge)*eCount );
    set = (int**)malloc( sizeof(int*) * g->vCnt);
    for( i = 0; i < g->vCnt; i++ )
            set[i] = (int*)malloc( sizeof(int) * g->vCnt );
    //采用插入法对图的边集进行排序
    for( i = 0; i < g->vCnt; i++ )
    {
        for( j = 0; j < i; j++ )
        {
            if( g->adjMatrix[i][j] <= 0 )
                continue;
            tmp.begin = i;
            tmp.end = j;
            tmp.weight = g->adjMatrix[i][j];
            for( k = NUM-1; k >= 0; k-- )
            {
                if( edges[k].weight > tmp.weight )
                    edges[k+1] = edges[k];
```

```
                                else
                                    break;
                            }
                            edges[k+1] = tmp;
                            NUM++;
                        }
                }
            for (i=0; i < g->vCnt; i++)        //初始化顶点集set,使vi属于第i个集合
                for (j=0; j < g->vCnt; j++)
                {
                    if (i==j)
                            set[i][j]=1 ;
                    else
                            set[i][j]=0 ;
                }
            k = 0;
            while ( k < g->vCnt-1 )         //逐一得到最小生成树的n-1条边
            {
                for ( i=0; i < g->vCnt; i++)
                        for (j=0; j < g->vCnt; j++)
                        //找到当前边两端点各自所在的子集
                        {
                            if ( edges[edgeNum].begin==j && set[i][j]==1 )
                                n1=i;
                            if ( edges[edgeNum].end==j && set[i][j]==1 )
                                n2=i;
                        }
                        if (n1!=n2)          //若两端点在不同子集
                        {
                        mst[k] = edges[edgeNum];
                        //则将当前边加入到最小生成树的边集中
                        k++;
                        for (j=0; j < g->vCnt; j++) // 合并两端点所在的子集
                        {
                            set[n1][j]= (set[n1][j] + set[n2][j])%2;
                            set[n2][j]=0;
                        }
                        }
                edgeNum++; //继续选取后面的边
            }
```

在克鲁斯卡尔算法的实现中，一个重要的环节是判断一条边是否会在生成树中构成回路。在以上的克鲁斯卡尔算法描述中，将生成树分成若干个连通子集，生成树最多有 g->vCnt 个连通子集，而一个连通子集最多有 g->vCnt 个顶点，故可以用二维数组 set 表示生成树的连通子集，set 的行数和列数都是 g->vCnt，set 数组的第 i 行存储的是一个连通子集的顶点集合。所以，存储在 set 的同一行中的顶点之间是连通的。

如果一条新边的两个顶点都在 set 数组的同一行中，则把该边加入到生成树中时必然会构成回路，所以该边不能加入生成树。反之，如果一条新边的两个顶点不在 set 数组的同一行中，把它加入生成树不会构成回路，所以可以把该边加入到生成树中。把一条新边加入

到生成树中后，它的两个顶点分别所在的连通子集由新边连接成一个连通子集，所以需要把这两个连通子集合并成一个连通子集。

克鲁斯卡尔算法的主要操作是对图的边集进行排序，以及判断新加入生成树的边是否会构成回路。在平均情况下，克鲁斯卡尔算法的时间复杂度为 O（eloge），其中，e 是图的边数。

## 7.5 最短路径问题

在带权有向图中，路径的权定义为该路径上各条边的权值之和。在带权有向图中，从顶点 u 到顶点 v 的最短路径是所有从顶点 u 到顶点 v 的有向简单路径中，权值最小的一条。

本节介绍在实际应用中常见的两类最短路径问题：单源最短路径和全源最短路径。

### 7.5.1 单源最短路径

在单源最短路径问题中，给定一个顶点 u，称为源点，需要求出从 v 出发到图中所有其他顶点之间的最短路径。

可以把从一个顶点 u 到所有其他顶点之间的最短路径看做一棵树，顶点 u 是根结点，其他顶点是树的全部叶子结点，从根结点到叶子结点的路径就是它们之间的最短路径，这棵树称为最短路径树。

Dijkstra 算法是求单源最短路径的经典算法，其基本思路是通过构造图的最短路径树来解决单源最短路径问题。在 Dijkstra 算法的求解过程中，图的顶点分为两个子集 U 和 V，如果从源点 u 到一个顶点 w 的最短路径已经求出，则顶点 w 属于集合 U，其他顶点属于集合 V。初始时集合 U 中只有源点 u，Dijkstra 算法每次从集合 V 中选择一个顶点加入到 U 中。当 V 中的顶点全部加入到 U 中时算法结束。

其过程如下。

（1）初始化，U={u}，V 包含图的其他顶点。

（2）设置从源点 u 到集合 V 中所有顶点 v 的最短距离，其值等于边（u，v）的权值。

（3）找出从源点到集合 V 中距离最短的顶点 w，将顶点 w 加入到集合 U 中。

（4）更新从源点 u 到集合 V 中所有顶点 v 的最短距离，计算公式如下。

$$d_{uv} = \begin{cases} old_{uv} & \text{如果} old_{uv} < d_{uw} + d_{wv} \\ d_{uw} + d_{wv} & \text{否则} \end{cases}$$

其中，$old_{uv}$ 为顶点 w 加入到集合 U 中之前从顶点 u 到顶点 v 的最短距离，$d_{uw}$ 为从顶点 u 到顶点 w 的最短距离，$d_{wv}$ 为顶点 w 和顶点 v 之间的边的权值。

（5）重复执行步骤（3）和步骤（4），直到集合 V 为空。

图 7-19 给出了以顶点 0 为源点的单源最短路径求解过程。

初始时，顶点 0 加入集合 U，U={0}，V={1，2，3，4，5}。源点 0 到集合 V 中顶点 3 的距离最短为 5，如图 7-19（a）所示。

（1）将顶点 3 加入集合 U，U={0，3}，V={1，2，4，5}。源点 0 到集合 V 中顶点 1 的距离最短为 8，如图 7-19（b）所示。

（2）将顶点 1 加入集合 U，U={0，1，3}，V={2，4，5}。源点 0 到集合 V 中顶点 4

的距离最短为 9，如图 7-19（c）所示。

（3）将顶点 4 加入集合 U，U={0，1，3，4}，V={2，5}。源点 0 到集合 V 中顶点 2 的距离最短为 15，如图 7-19（d）所示。

（4）将顶点 2 加入集合 U，U={0，1，2，3，4}，V={5}。源点 0 到集合 V 中顶点 5 的距离最短为 18，如图 7-19（e）所示。

（5）将顶点 5 加入集合 U，U={0，1，2，3，4，5}，V=φ。源点 0 到集合 V 中顶点 5 的最短距离为 18，如图 7-19（f）所示。

此时，集合 V 为空集，算法求解结束。

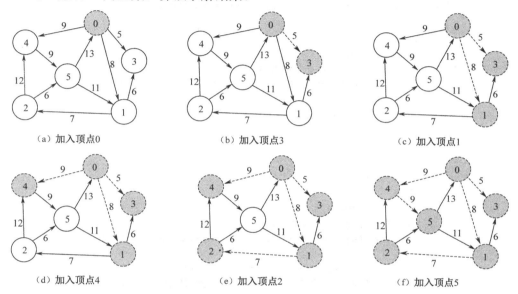

图 7-19　Dijkstra 算法求解过程

Dijkstra 算法描述如下。

```
void dijkstra( Graph *g, int v )
{
    int *dist, *s, **path, *plen;
    int i, j, w, m, p;
    path = (int**)malloc( sizeof(int*) * g->vCnt);
    //path用于记录从v到各点的最短路径
    for( i = 0; i < g->vCnt; i++ )
        path[i] = (int*)malloc( sizeof(int) * g->vCnt );
    s = (int*)malloc( sizeof(int) * g->vCnt );
    //s[i]=1表示第i个顶点已经求出最短路径
    dist = (int*)malloc( sizeof(int) * g->vCnt );
    //dist[i]表示从v到第i个顶点的距离
    plen = (int*)malloc( sizeof(int) * g->vCnt );
    //plen[i]表示从v到第i个顶点的顶点数
    for (i=0; i < g->vCnt; i++)
    {
        if( i == v )
                s[i]=1;
        else
```

```
                              s[i]=0 ;
                plen[i] = 0;
                dist[i] = g->adjMatrix[v][i]; //距离数组dist初始化
                if( dist[i] < maxValue && i != v )//对路径链表赋初值
                {
                    path[i][0] = v;
                    path[i][1] = i;
                    plen[i] = 2;
                }
        }
        for (i=1; i < g->vCnt - 1; i++)//逐次求出v到其余顶点的最短路径,i为趟数
        {
            m=v;
            w=maxValue;
            for ( j=0; j < g->vCnt; j++ )
                if (s[j]==0 && dist[j] < w )//选出与v距离最短的顶点m
                {
                    w=dist[j];
                    m=j;
                }
            if ( m != v )
                s[m] = 1;
            else
                break;
            for (j=0; j < g->vCnt; j++)
                if (s[j]==0 && dist[m] + g->adjMatrix[m][j] < dist[j])
                {
                    dist[j] = dist[m] + g->adjMatrix[m][j];
                //把从v到j的最短路径修改为从v到m的最短路径加上从m到j的边
                    for( p = 0; p < plen[m]; p++ )
                    {
                        path[j][p] = path[m][p];
                    }
                    path[j][p] = j;
                    plen[j] = plen[m] + 1;
                }
        }
        for( i = 0; i < g->vCnt; i++ )//输出从顶点v到所有顶点的最短路径
        {
            for( j = 0; j < plen[i]; j++ )
            {
                printf( "%d ", path[i][j] );
            }
            printf( "\n" );
        }
    }
```

Dijkstra 算法的时间复杂度为 O（$n^2$）。

### 7.5.2 全源最短路径

全源最短路径要求出图中任意两个顶点之间的最短距离。可以调用 Dijkstra 算法来求

解全源最短路径问题，其方法如下：图中的每一个顶点 n 都作为一次源点，分别调用 Dijkstra 算法，即可求得每一对顶点之间的最短距离，其时间复杂度为 $O(n^3)$。

另一个求全源最短路径问题的算法是弗洛伊德算法。该算法的基本思路如下：集合 Set 为顶点集合，用 $dist_{ij}$ 表示从 $v_i$ 经过集合 Set 中的顶点到 $v_j$ 的最短距离。初始时集合 Set 为空集，$dist_{ij}$ 为从 $v_i$ 到 $v_j$ 的边的长度。先向集合 Set 中添加一个顶点 $v_1$，$dist_{ij}$ 变为从 $v_i$ 经过 $v_1$ 到 $v_j$ 的最短距离。再向集合 Set 中添加一个顶点 $v_2$，$dist_{ij}$ 变为从 $v_i$ 经过 $v_1$，$v_2$ 到 $v_j$ 的最短距离，……，依次进行，直到图中所有顶点都已经添加到集合 Set 中，即可求得从 $v_i$ 到 $v_j$ 的最短距离。

弗洛伊德算法描述如下。

```
void floyd( Graph* g )
{
    int dist[6][6], path[6][6][6], plen[6][6];
    int v, w, i, s, t, m, n;
    for( v = 0; v < g->vCnt; v++ )
    {
        for( w = 0; w < g->vCnt; w++ )
        {
            if( v == w )
            {
                dist[v][w] = 0;
                plen[v][w] = 0;
            }
            else
            {
                dist[v][w] = g->adjMatrix[v][w];
                path[v][w][0] = v;
                path[v][w][1] = w;
                plen[v][w] = 2;
            }
        }
    }
    for( i = 0; i < g->vCnt; i++ )
    {
        for( s = 0; s < g->vCnt; s++ )
        {
            for( t = 0; t < g->vCnt; t++ )
            {
                if( dist[s][t] > dist[s][i] + dist[i][t] )
                {
                    dist[s][t] = dist[s][i] + dist[i][t];
                    for( m = 0; m < plen[s][i]; m++ )
                        path[s][t][m] = path[s][i][m];
                    for( n = 1; n < plen[i][t]; n++, m++ )
                        path[s][t][m] = path[i][t][n];
                    plen[s][t] = plen[s][i] + plen[i][t] - 1;
                }
            }
        }
        printf( "distance matrix after the %dth turn\n", i );
        for( s = 0; s < g->vCnt; s++ )
        {
```

```
        for( t = 0; t < g->vCnt; t++ )
        {
                printf( "%d ", dist[s][t] );
        }
        printf( "\n" );
    }
}
```

　　在该算法中，数组 dist 是距离数组，其元素 dist[i][j]表示从 $v_i$ 到 $v_j$ 的最短距离，每次向集合 Set 中添加一个顶点，此时该距离数组会发生相应变化。数组 plen 是计数数组，plen[i][j]表示从顶点 $v_i$ 到 $v_j$ 的最短路径有多少个顶点，包括起点和终点。path 是路径数组，path[i][j][0]～path[i][j][plen[i][j]-1]记录了从顶点 $v_i$ 到 $v_j$ 的最短路径上的所有顶点，包括起点和终点。

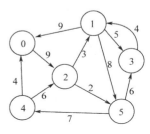

图 7-20　全源最短路径图

　　例如，对图 7-20 所示的有向图，弗洛伊德算法需要进行 6 次循环，每次循环后的距离矩阵如图 7-21 所示。

| 第1次 | | | | | | |
|---|---|---|---|---|---|---|
| | 0 | 1 | 2 | 3 | 4 | 5 |
| 0 | 0 | ∞ | 9 | ∞ | ∞ | ∞ |
| 1 | 9 | 0 | 18 | 5 | ∞ | 8 |
| 2 | ∞ | 3 | 0 | ∞ | ∞ | 2 |
| 3 | ∞ | 4 | ∞ | 0 | ∞ | ∞ |
| 4 | 4 | ∞ | 6 | ∞ | 0 | |
| 5 | ∞ | ∞ | ∞ | 6 | 7 | 0 |

| 第2次 | | | | | | |
|---|---|---|---|---|---|---|
| | 0 | 1 | 2 | 3 | 4 | 5 |
| 0 | 0 | ∞ | 9 | ∞ | ∞ | ∞ |
| 1 | 9 | 0 | 18 | 5 | ∞ | 8 |
| 2 | 12 | 3 | 0 | 8 | ∞ | 2 |
| 3 | 13 | 4 | 22 | 0 | ∞ | 12 |
| 4 | 4 | ∞ | 6 | ∞ | 0 | |
| 5 | ∞ | ∞ | ∞ | 6 | 7 | 0 |

| 第3次 | | | | | | |
|---|---|---|---|---|---|---|
| 5 | ∞ | ∞ | ∞ | 6 | 7 | 0 |
| | 0 | 1 | 2 | 3 | 4 | 5 |
| 0 | 0 | 12 | 9 | 17 | ∞ | 11 |
| 1 | 9 | 0 | 18 | 5 | ∞ | 8 |
| 2 | 12 | 3 | 0 | 8 | ∞ | 2 |
| 3 | 13 | 4 | 22 | 0 | ∞ | 12 |
| 4 | 4 | ∞ | 6 | 14 | 0 | |
| 5 | ∞ | ∞ | ∞ | 6 | 7 | 0 |

| 第4次 | | | | | | |
|---|---|---|---|---|---|---|
| 5 | ∞ | ∞ | ∞ | 6 | 7 | 0 |
| | 0 | 1 | 2 | 3 | 4 | 5 |
| 0 | 0 | 12 | 9 | 17 | ∞ | 11 |
| 1 | 9 | 0 | 18 | 5 | ∞ | 8 |
| 2 | 12 | 3 | 0 | 8 | ∞ | 2 |
| 3 | 13 | 4 | 22 | 0 | ∞ | 12 |
| 4 | 4 | ∞ | 6 | 14 | 0 | 8 |
| 5 | 19 | 10 | 28 | 6 | 7 | 0 |

| 第5次 | | | | | | |
|---|---|---|---|---|---|---|
| | 0 | 1 | 2 | 3 | 4 | 5 |
| 0 | 0 | 12 | 9 | 17 | ∞ | 11 |
| 1 | 9 | 0 | 18 | 5 | ∞ | 8 |
| 2 | 12 | 3 | 0 | 8 | ∞ | 2 |
| 3 | 13 | 4 | 22 | 0 | ∞ | 12 |
| 4 | 4 | ∞ | 6 | 14 | 0 | 8 |
| 5 | 11 | 10 | 13 | 6 | 7 | 0 |

| 第6次 | | | | | | |
|---|---|---|---|---|---|---|
| | 0 | 1 | 2 | 3 | 4 | 5 |
| 0 | 0 | 12 | 9 | 17 | 18 | 11 |
| 1 | 9 | 0 | 18 | 5 | 15 | 8 |
| 2 | 12 | 3 | 0 | 8 | 9 | 2 |
| 3 | 13 | 4 | 22 | 0 | 19 | 12 |
| 4 | 4 | 9 | 6 | 14 | 0 | 8 |
| 5 | 11 | 10 | 13 | 6 | 7 | 0 |

图 7-21　弗洛伊德算法距离矩阵变化图

## 7.6 有向无环图

在有向图中，有向环（回路）是指从一个顶点出发又回到该顶点的有向路径。一个没有有向环的有向图称为有向无环图（directed acyclic graph, DAG）。

常用有向无环图来描述一项工程的完成过程。在实际工作中，常将一项工程分解为若干子项目，当所有的子项目都完成后就完成了该工程。子项目之间存在着先后顺序，前面的子项目完成后才能开始后面的子项目。当将工程分解为子项目之后，人们常常关心：整个工程能否顺利完成，以及完成整个工程的最短时间。

使用有向图描述工程时，用图中的点代表工程的子项目，用图中的有向边表示子项目之间的先后顺序，边的起点工程是终点工程的前提，只有起点工程完成后才能开始终点工程。在这种有向图中，用顶点表示活动，用边表示活动之间的先后顺序，这样的有向图称为顶点活动（activity on vertices，AOV）网。如果对 AOV 网进行拓扑排序时能够得到一个顶点的线性序列，则它对应的工程就能够顺利完成，反之则不能。

用有向无环图描述工程时还可以用边代表子项目，边上的权表示完成子项目需要的时间。也就是说，用边表示活动，边上的权表示活动的持续时间，这样的有向图称为边活动（activity on edges，AOE）网。求完成整个工程的最短时间就是求 AOE 网的关键路径。

### 7.6.1 拓扑排序

有向无环图的拓扑排序是指对图中的顶点生成一个线性序列，有向图中边的起点排在边的终点之前。

在有向无环图中，至少有一个入度为零的顶点和一个出度为零的顶点，入度为零的顶点称为源点，出度为零的顶点称为汇点。

拓扑排序的过程如下。

（1）选择图中的任一个源点，输出该顶点。

（2）在图中删除该顶点及以它为起点的边。

（3）重复步骤（1）和步骤（2），直到图的全部顶点都已经输出。

图 7-20 显示了拓扑排序的过程。该图有两个源点，即顶点 0 和顶点 1，拓扑排序可以从任何一个源点开始。图 7-20（a）显示了输出顶点 1，并在图中删除顶点 1 及从它发出的边。图 7-20（b）～图 7-22（i）显示了逐步输出顶点 0、2、4、3、5、6、7、8，并在图中删除相应顶点及发出的边的过程。

最后得到一个拓扑排序序列{1, 0, 2, 4, 3, 5, 6, 7, 8}。

当有向图中有多个源点时，可以从其中任何一个源点开始拓扑排序，故拓扑排序得到的序列不是唯一的。

对代表一项工程的有向图进行拓扑排序得到该工程的一个序列，就可以按照该序列安排工程子项目的进度，就能够完成工程。

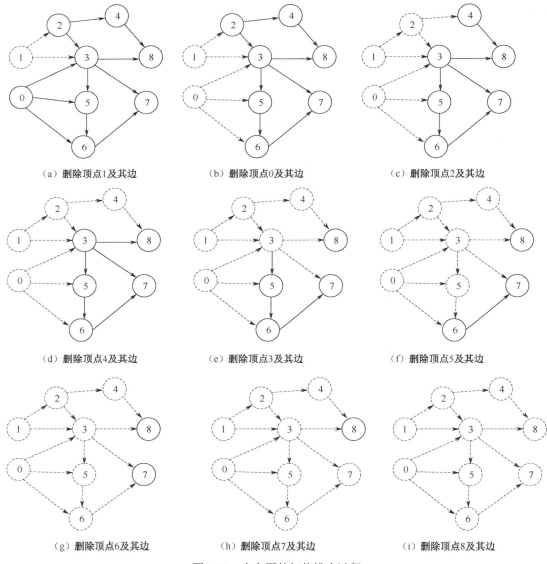

（a）删除顶点1及其边　　　　　　（b）删除顶点0及其边　　　　　　（c）删除顶点2及其边

（d）删除顶点4及其边　　　　　　（e）删除顶点3及其边　　　　　　（f）删除顶点5及其边

（g）删除顶点6及其边　　　　　　（h）删除顶点7及其边　　　　　　（i）删除顶点8及其边

图 7-22　有向图的拓扑排序过程

拓扑排序的另一个作用是检测有向图中是否存在环。如果在排序的过程中，发现源点队列为空，但是图中还有顶点，则表明图中的每个顶点都有入边，故一定存在环。

代表一个工程的有向图中如果存在环，则说明该工程的子项目之间互为前提，故该工程无法完成。这时必须对工程子项目的划分进行调整。

以邻接矩阵为存储结构，拓扑排序的算法描述如下。

```
void topSort( Graph *g )
{
    int *isSorted, *inDegree, i, j, sorted = 0;
    isSorted = (int*)malloc( sizeof(int)*g->vCnt );//记录顶点是否已经删除
    inDegree = (int*)malloc( sizeof(int)*g->vCnt );//记录顶点的入度
    for( i = 0; i < g->vCnt; i++ )
        isSorted[i] = 0;
    for( i = 0; i < g->vCnt; i++ )//计算所有顶点的入度
```

```
        {
                inDegree[i] = 0;
                for( j = 0; j < g->vCnt; j++ )
                {
                        inDegree[i] += g->adjMatrix[j][i];
                }
        }
        while( sorted < g->vCnt )//拓扑排序过程,每次排一个顶点
        {
                for( i = 0; i < g->vCnt; i++ )//查找入度为0且还没有排序的顶点
                        if( inDegree[i] == 0 && isSorted[i] == 0 )
                                break;
                if( i >= g->vCnt )//如果没有找到入度为0的顶点,则说明图中存在环
                {
                        printf( "There is a cycle\n" );
                        break;
                }
                printf( "%d ", i );//输出入度为0的顶点
                isSorted[i] = 1;
                sorted++;
                for( j = 0; j < g->vCnt; j++ )//修改被删除顶点相邻顶点的入度
                                if( g->adjMatrix[i][j] == 1 )
                                inDegree[j]--;
        }
        printf( "\n" );
}
```

### 7.6.2 关键路径

在 AOE 网中，从源点到汇点路径长度最长的路径称为 AOE 网的关键路径。完成整个工程所需的最短时间等于完成关键路径上的子项目所需的时间。关键路径上的活动都是关键活动，关键活动必须按时完成，不能拖延，否则将导致整个项目延期。

图 7-23（a）显示了一个 AOE 网，其中的 11 条边代表一个工程的 11 个子任务，边上的权代表完成相应子任务的时间。图中的顶点代表事件，表示它所有的入边代表任务已经完成，它所有的出边代表任务开始执行。顶点 $v_1$ 是 AOE 网的源点，是整个工程的开始点，顶点 $v_9$ 是 AOE 网的汇点，代表整个工程完成。有些 AOE 网中的任务，如 $a_1$ 和 $a_4$ 只能顺序进行；有些任务，如 $a_1$、$a_2$ 和 $a_3$ 可以并行进行。

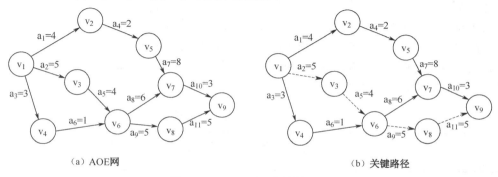

（a）AOE网                （b）关键路径

图 7-23　AOE 网及其关键路径

为了介绍找到关键路径的算法，需要定义以下几个变量。

$ve_i$：事件 $v_i$ 最早可能发生的时间，即从源点 $v_1$ 到顶点 $v_i$ 的最长路径长度。

$vl_i$：事件 $v_i$ 最迟允许发生的时间，即保证汇点 $v_n$ 在 $ve_n$ 时刻发生，事件 $v_i$ 最迟允许发生的时间，超过该时间就不能保证汇点事件按时完成，它等于 $ve_n$ 减去从 $v_i$ 到 $v_n$ 的最长路径长度。

$e_k$：活动 $a_k=<v_i, v_j>$ 最早可能开始的时间，等于事件 $v_i$ 最早可能发生的时间 $ve_i$；

$l_k$：活动 $a_k=<v_i, v_j>$ 最迟允许完成的时间，等于事件 $v_j$ 最迟允许完成的时间 $vl_j$；

$l_k-e_k$ 是活动 $a_k$ 最多可以利用的时间，如果一个活动的最大可利用时间等于其对应边 $a_k$ 的权，则该活动是关键活动。该活动必须在 $e_k$ 时间立即开始，不能耽误，才能保证汇点时间按时完成，否则将会导致整个工程延期。如果一个活动的最大可利用时间大于其对应边 $a_k$ 的权，则该活动不是关键活动。它可以延期进行，只要完成时间不超过 $l_k$，则整个工程仍能够如期完成。

设 $a_k=<v_i, v_j>$ 的权为 $w_k=w_{ij}$，求关键路径的步骤如下。

## 1．求所有事件的最早可能发生的时间

求所有事件的最早可能发生的时间可以从 $v_1$ 开始向前以递推方式进行，因为 $v_1$ 是源点，故它的最早开始时间为 0，$ve_1=0$。事件 $v_j$ 的最早可能发生的时间为

$$ve_j= \max_{<v_iv_j> \in s}（ve_i+w_{ij}）$$

其中，$S$ 是 $v_j$ 的入边集合。

对于图 7-23（a），所有事件的最早可能发生的时间如表 7-2 所示。

表 7-2　事件的最早可能发生的时间

| 事件 | $v_1$ | $v_2$ | $v_3$ | $v_4$ | $v_5$ | $v_6$ | $v_7$ | $v_8$ | $v_9$ |
|---|---|---|---|---|---|---|---|---|---|
| $ve_i$ | 0 | 4 | 5 | 3 | 6 | 9 | 15 | 14 | 19 |

## 2．求所有事件的最迟允许发生的时间

求所有事件的最迟允许发生的时间可以从 $v_n$ 开始向后以递推方式进行，因为 $v_n$ 是汇点，故它的最迟允许发生的时间为 $ve_n$，$vl_n=ve_n$。事件 $v_i$ 的最迟允许发生的时间为

$$vl_j= \max_{<v_iv_j> \in s}（vl_i+w_{ij}）$$

其中，$S$ 是 $v_i$ 的出边集合。

对图 7-23（a），所有事件的最迟允许发生的时间如表 7-3 所示。

求所有事件的最早可能发生的时间和最迟允许发生的时间都是以递推方式进行的，这就要求在求一个事件的相关时间时，它之前或之后的所有事件的时间都已经求出来了。故需要先求出 AOE 网的一个拓扑排序序列，然后按照该序列的顺序递推求出所有事件的最早可能发生的时间和最迟允许发生的时间。

表 7-3　事件的最迟允许发生时间

| 事件 | $v_1$ | $v_2$ | $v_3$ | $v_4$ | $v_5$ | $v_6$ | $v_7$ | $v_8$ | $v_9$ |
|---|---|---|---|---|---|---|---|---|---|
| $vl_i$ | 0 | 6 | 5 | 8 | 8 | 9 | 16 | 14 | 19 |

## 3. 求所有活动的最早可能开始的时间和最迟允许完成的时间

活动的最早可能开始的时间和最迟允许完成的时间如表 7-4 所示。

表 7-4　活动的最早可能开始的时间和最迟允许完成的时间

| 活动 | $a_1$ | $a_2$ | $a_3$ | $a_4$ | $a_5$ | $a_6$ | $a_7$ | $a_8$ | $a_9$ | $a_{10}$ | $a_{11}$ |
|------|------|------|------|------|------|------|------|------|------|------|------|
| $e_k$ | 0 | 0 | 0 | 4 | 5 | 3 | 6 | 9 | 9 | 15 | 14 |
| $l_k$ | 6 | 5 | 8 | 8 | 9 | 9 | 16 | 16 | 14 | 19 | 19 |

## 4. 求所有活动最多可以利用的时间

所有活动最多可以利用的时间及活动的权如表 7-5 所示。

表 7-5　所有活动最多可以利用的时间及活动的权

| 活动 | $a_1$ | $a_2$ | $a_3$ | $a_4$ | $a_5$ | $a_6$ | $a_7$ | $a_8$ | $a_9$ | $a_{10}$ | $a_{11}$ |
|------|------|------|------|------|------|------|------|------|------|------|------|
| $l_k-e_k$ | 6 | 5 | 8 | 4 | 4 | 6 | 10 | 7 | 5 | 5 | 5 |
| $w_k$ | 4 | 5 | 3 | 2 | 4 | 1 | 8 | 6 | 5 | 3 | 5 |

从表 7-5 可以看出，活动 $a_2$、$a_5$、$a_9$ 及 $a_{11}$ 的最多可以利用时间等于它们的权值，故它们是关键活动，由它们构成的路径就是 AOE 网的关键路径，如图 7-23（b）所示。

求关键路径的算法描述如下。

```
void keyPath( Graph *g )
{
    int i, j, k, eCount;
    int *ve, *vl, *e, *t, *w, *sort;
    ve = (int*)malloc( sizeof(int)*g->vCnt );
    vl = (int*)malloc( sizeof(int)*g->vCnt );
    sort = (int*)malloc( sizeof(int)*g->vCnt );
    eCount = getECount( g );//求图的边数
    e = (int*)malloc( sizeof(int)*eCount );
    t = (int*)malloc( sizeof(int)*eCount );
    w = (int*)malloc( sizeof(int)*eCount );
    topSort( g, sort );//求图的拓扑排序，拓扑排序序列保存在sort中
    for( i = 0; i < g->vCnt; i++ )
        vl[i] = maxValue;
    ve[sort[0]] = 0;
    for( i = 1; i < g->vCnt; i++ )//求每个活动的最早开始发生时间
    {
        k = sort[i];
        for( j = 0; j < g->vCnt; j++ )
        {
            if( g->adjMatrix[j][k] > 0 )
            {
                if( ve[j] + g->adjMatrix[j][k] > ve[k] )
                    ve[k] = ve[j] + g->adjMatrix[j][k];
            }
        }
    }
    vl[sort[g->vCnt-1]] = ve[sort[g->vCnt-1]];
    for( i = g->vCnt-2; i >= 0; i-- )//求每个活动的最迟允许发生时间
```

```
            {
                k = sort[i];
                for( j = 0; j < g->vCnt; j++ )
                {
                    if( g->adjMatrix[k][j] > 0 )
                    {
                        if( vl[j] - g->adjMatrix[k][j] < vl[k] )
                            vl[k] = vl[j] - g->adjMatrix[k][j];
                    }
                }
            }
            k = 0;
            printf( "关键路径是:\n" );
            for( i = 0; i < g->vCnt; i++)
            //求每个活动的最早开始时间、最迟允许发生时间、关键路径
                for( j = 0; j < g->vCnt; j++ )
                {
                    if( g->adjMatrix[i][j] > 0 )
                    {
                        e[k] = ve[i];
                        t[k] = vl[j];
                        w[k] = g->adjMatrix[i][j];
                        if( t[k]-e[k] == w[k] )
                            printf( "<%d,%d> ", i, j );
                        k++;
                    }
                }
            printf( "\n" );
        }
```

求关键路径算法的时间复杂度为 O（$n^2$）。

# 习　　题

7.1　编写算法，建立有向图的邻接矩阵。

7.2　编写算法，在邻接矩阵存储结构上实现图的基本操作，在图中插入一个顶点。

7.3　已知有向图有 n 个顶点，编写算法，根据用户输入的偶对建立该有向图的邻接表，即接收用户输入的（vi，vj）（以其中之一为负数表示结束），对于每条这样的边，申请一个结点，并插入到单链表中，如此反复，直到将图中所有边处理完毕。

7.4　编写算法，判断以邻接表方式存储的有向图中是否存在由顶点 $v_i$ 到顶点 $v_j$ 的路径（i≠j）。

7.5　在有向图 G 中，如果 r 到 G 中的每个结点都有路径可达，则称结点 r 为 G 的根结点。编写算法，判断有向图 G 是否有根，若有，则输出所有根结点的值。

7.6　编写算法，求以邻接表存储的无向图 G 的连通分量，并输出每一连通分量的顶点值。

7.7　设计算法，求出以邻接表表示的无向连通图中距离顶点 $v_0$ 的最短路径长度（最短路径长度以边数为单位计算）为 K 的所有顶点，要求尽可能地节省时间。

7.8 编写算法，求图的中心点。设 V 是有向图 G 的一个顶点，把 V 的偏心度定义为 max{从 w 到 v 的最短距离|w 是 G 中的所有顶点}，如果 v 是有向图 G 中具有最小偏心度的顶点，则称顶点 v 是 G 的中心点。

# 第8章 查　找

查找就是在一个数据元素的集合中寻找满足条件的数据元素，如果查找成功，则返回找到的数据元素，否则输出出错信息。有时可能查找到多个满足条件的数据元素。

查找技术有着非常广泛的应用。例如，在发送电子邮件的时候，给定一个联系人的姓名，需要在通讯录中找到该联系人的邮件地址，此时要用到查找算法。期末考试后，学生通过网络查询成绩时，在客户端输入学号、姓名和科目后，服务器需要在数据库中查找相应学生的成绩信息。当用户通过搜索引擎检索信息时，搜索引擎需要在海量的互联网数据中寻找相关的信息，此时，一种高效的查找算法尤为重要。

一种数据元素的组织系统，如果只提供了按给定条件查询的操作，查找成功返回找到的数据元素，失败时仅提示查找失败，则称其为静态查找结构。如果一个数据元素的组织系统除了提供查询的功能外，还提供了插入和删除的功能，当查找失败时，在数据元素集合中插入一个新的数据元素，称其为动态查找结构。

对于查找算法，其主要的操作用于关键字的比较，比较操作的次数决定了查找算法的时间复杂度。常用平均查找长度来衡量查找算法的时间复杂度，平均查找长度（average search length，ASL）是指在查找过程中，需要进行关键字比较次数的平均值，其计算公式如下。

$$ASL = \sum_{i=1}^{n} p_i \times c_i$$

其中，$p_i$ 和 $c_i$ 分别表示第 $i$ 个数据元素被查找的概率和查找需要的比较次数。

## 8.1　线性查找表

线性查找表用一个线性表来存储集合中的数据元素。线性表的例子有教务系统中的学生成绩表、图书管理系统中的图书信息表等。本节介绍线性查找表的查找方法。

### 8.1.1　顺序查找

如果线性查找表中的数据元素是无序的，那么在进行查找时，需要从线性表的一端依次比较线性表中的数据元素，这种查找方法称为顺序查找，又称线性查找。

假设查找表中有 n 个数据元素，每个元素被查找的概率相等，查找成功时，平均查找长度为

$$ASL = \sum_{i=1}^{n} p_i \times c_i = \sum_{i=1}^{n} \frac{1}{n} i = \frac{n+1}{2}$$

因此，对于长度为 n 的线性查找表，查找成功时的平均查找长度，即平均比较次数为（n+1）/2。查找失败时的比较次数为 n。

## 8.1.2 折半查找

如果一个线性查找表中的数据元素是排好序的，则可以用折半查找（又称二分查找）来加快查找速度。查找表中的数据元素可以按升序排序，也可以按降序排序，这里以数据元素升序排序为例介绍折半查找。

折半查找的过程如下：将待查找的关键字与线性查找表中间元素进行比较，如果待查找关键字等于中间元素的关键字，则查找成功，结束查找；否则，如果待查找关键字小于中间元素的关键字，则在线性查找表的前半部分继续进行折半查找；如果待查找关键字大于中间元素的关键字，则在线性查找表的后半部分继续进行折半查找。重复此过程，当线性查找表中已经没有数据元素时，查找失败。

表 8-1 所示为一个数据元素按升序排好序的线性查找表。在折半查找过程中，查找范围在不断缩小，用 left、right 和 mid 分别表示查找范围的起始元素、终止元素和中间元素的下标。

如待查找的数据元素为 24，则查找过程如下。

（1）left=0，right=10，mid=5，中间元素为 43，不等于待查找元素。待查找元素小于中间元素，故需要在线性查找表的前半部分继续查找。

（2）left=0，right=4，mid=2，中间元素为 17，不等于待查找元素。待查找元素大于中间元素，故需要在线性查找表的后半部分继续查找。

（3）left=3，right=4，mid=3，中间元素为 24，等于待查找元素，查找成功，折半查找结束。

如待查找的数据元素为 71，则查找过程如下。

（1）left=0，right=10，mid=5，中间元素为 43，不等于待查找元素。待查找元素大于中间元素，故需要在线性查找表的后半部分继续查找；

（2）left=6，right=10，mid=8，中间元素为 79，不等于待查找元素。待查找元素小于中间元素，故需要在线性查找表的前半部分继续查找。

（3）left=6，right=7，mid=6，中间元素为 54，不等于待查找元素。待查找元素大于中间元素，故需要在线性查找表的后半部分继续查找。

（4）left=7，right=7，mid=7，中间元素为 67，不等于待查找元素。待查找元素大于中间元素，故需要在线性查找表的后半部分继续查找。

（5）left=8，right=7，left 大于 right，线性查找表中已经没有数据元素，查找失败。

表 8-1 折半查找的线性查找表

| 下标 | 0 | 1 | 2 | 3 | 4 | 5 | 6 | 7 | 8 | 9 | 10 |
|------|---|---|---|---|---|---|---|---|---|---|----|
| 元素 | 6 | 15 | 17 | 24 | 32 | 43 | 54 | 67 | 79 | 83 | 90 |

折半查找的算法描述如下。

```
int binSearch( int list[], int len, int elem )
{
    int left, right, mid;
    left = 0;
    right = len - 1;
    while( left <= right )
```

```
    {
        mid = (left+right)/2;//计算中间元素的下标
        if( list[mid] == elem )
            return mid;
        else if( list[mid] < elem )
            left = mid + 1;
        else if( list[mid] > elem)
            right = mid - 1;
    }
    return -1;
}
```

对于长度为 n 的线性查找表,折半查找的平均查找长度(即其时间复杂度)为 $O(log_2n)$。

### 8.1.3　斐波那契查找

　　折半查找的主要思想是利用线性查找表有序的特点,逐步缩减查找区间,从而提高查找效率。与折半查找一样,斐波那契查找也通过缩减查找区间,来减少不必要的关键字比较,提高查找效率。

　　斐波那契查找缩减查找区间的方法与折半查找不同,它利用的是斐波那契序列。斐波那契序列的定义如下。

$$F(n)=\begin{cases} n & n=0,1 \\ F(n-1)+F(n-2) & n>1 \end{cases}$$

　　例如,前 9 个斐波那契数为 0、1、1、2、3、5、8、13、21。

　　斐波那契查找要求线性查找表的长度恰好为 F(n)-1,选择的中间元素的下标为 F(n-1)。如果待查找关键字等于中间元素的关键字则查找成功,结束查找;否则,如果待查找关键字小于中间元素的关键字,则在线性查找表的前半部分继续进行斐波那契查找,前半部分的长度为 F(n-1)-1;如果待查找关键字大于中间元素的关键字,则在线性查找表的后半部分继续进行斐波那契查找,后半部分的长度为 F(n-2)-1。重复此过程,当线性查找表中已经没有数据元素时,查找失败。

　　表 8-2 所示为一个数据元素按升序排好序的线性查找表,它的长度为 F(7)-1。在斐波那契查找过程中,查找范围在不断缩小,用 left、right 和 mid 分别表示查找范围的起始元素、终止元素和中间元素的下标。

　　如待查找的数据元素为 23,则查找过程如下。

　　(1)left=0,right=11,表长为 F(7)-1=12,mid=7,中间元素为 73,不等于待查找元素。待查找元素小于中间元素,故需要在线性查找表的前半部分继续查找。

　　(2)left=0,right=6,表长为 F(6)-1=7,mid=4,中间元素为 32,不等于待查找元素。待查找元素小于中间元素,故需要在线性查找表的前半部分继续查找。

　　(3)left=0,right=3,表长为 F(5)-1=4,mid=2,中间元素为 16,不等于待查找元素。待查找元素大于中间元素,故需要在线性查找表的后半部分继续查找。

　　(4)left=3,right=3,表长为 F(3)-1=1,mid=3,中间元素为 23,等于待查找元素,查找成功,斐波那契查找结束。

　　如待查找的数据元素为 83,则查找过程如下。

　　(1)left=0,right=11,表长为 F(7)-1=12,mid=7,中间元素为 73,不等于待查找元

素。待查找元素大于中间元素，故需要在线性查找表的后半部分继续查找。

（2）left=8，right=11，表长为 F（5）-1=4，mid=10，中间元素为 85，不等于待查找元素。待查找元素小于中间元素，故需要在线性查找表的前半部分继续查找。

（3）left=8，right=9，表长为 F（4）-1=2，mid=9，中间元素为 81，不等于待查找元素。待查找元素大于中间元素，故需要在线性查找表的后半部分继续查找。

（4）left=10，right=9，线性查找表中已经没有数据元素，查找失败。

**表 8-2　斐波那契查找的线性查找表**

| 下标 | 0 | 1 | 2 | 3 | 4 | 5 | 6 | 7 | 8 | 9 | 10 | 11 |
|------|---|----|----|----|----|----|----|----|----|----|----|----|
| 元素 | 3 | 11 | 16 | 23 | 32 | 57 | 68 | 73 | 79 | 81 | 85 | 96 |

斐波那契查找算法描述如下。

```c
int fibonacciSearch( int list[], int len, int elem)
{
    int n, left, right, mid;
    int *fib;
    fib = (int*)malloc( sizeof(int) * len );
    fib[0] = 0; fib[1] = 1;
    for( n = 1; n < len; )//根据查找表长度计算斐波那契序列
    {
        if( fib[n] < len+1 )
        {
            n++;
            fib[n] = fib[n-1]+fib[n-2];
        }
        else
            break;
    }
    left = 0;
    right = len-1;
    while( left <= right )
    {
        mid = left + fib[n-1] - 1;//求中间元素下标
        printf( "%d ", mid );
        if( list[mid] == elem )
            return mid;
        else if( list[mid] < elem )
        {
            left = mid + 1;
            n = n - 2;//求新的斐波那契数
        }
        else if( list[mid] > elem)
        {
            right = mid - 1;
            n = n - 1; //求新的斐波那契数
        }
    }
    return -1;
}
```

由于斐波那契序列不能覆盖所有的自然数，故有些线性查找表长度可能不等于一个斐波那契数减1，这时需要在查找表中加入一些虚设的数据元素，使线性查找表的长度满足条件。

对于长度为 n 的线性查找表，斐波那契查找的平均查找长度（即其时间复杂度）为 $O(\log_2 n)$。对于表长较大的线性查找表，斐波那契查找的平均查找性能要好于折半查找，最坏情况则比折半查找差。

斐波那契查找需要一个辅助数组存储斐波那契序列，其空间复杂度为 O（n）。

### 8.1.4  分块查找

分块查找又称索引顺序查找，是对顺序查找的一种改进。分块查找需要对线性查找表分块并建立索引结构。分块查找要求将线性查找表分成若干块，每块称为一个子表。各个子表间满足分块有序，即后一子表的所有数据元素大于前一子表的所有数据元素，而每一个子表内部的数据元素是无序的。

分块查找还需要对分块的线性查找表建立索引结构，每个子表在索引表中有一个表项，索引表中包含关键字、子表长度及指针，关键字是一个子表的最大关键字，子表长度指该子表的数据元素的个数，指针是子表第一个元素在线性查找表中的位置。

图 8-1 所示为一个有 15 个数据元素的线性查找表及其索引表，根据线性查找表的分块结构，索引表中的索引项是按关键字递增有序的。

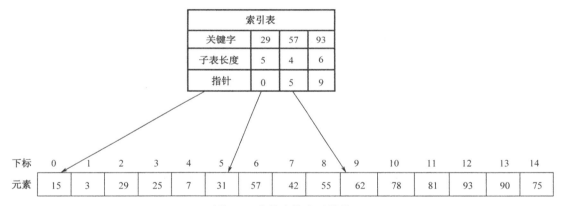

图 8-1  分块查找索引结构

分块查找时，先在索引表查找以确定待查找数据元素在哪个子表中，因为索引表是有序的，可在其中采用顺序查找、折半查找或者斐波那契查找。然后在确定的一个子表中查找，因为子表是无序的，所以在子表中只能采用顺序查找。

分块查找需要分表查找索引表和子表。设长度为 n 的线性查找表平均分为 m 个子表，每个子表的长度为 k，k=n/m。那么，分块查找的平均查找长度为

$$ASL=ASL索引表+ASL子表=\frac{1}{2}(m+1)=\frac{1}{2}(\frac{n}{m}+1)=\frac{1}{2}(m+\frac{n}{m})+1$$

分块查找的平均查找长度既与线性查找表的长度有关，又与所分的子表数目有关。当子表数目 $m=\sqrt{n}$ 时，平均查找长度 ASL 达到最小值，即 $\sqrt{n}+1$。

## 8.2 二叉排序树

除了线性查找表之外，也可以用二叉排序树来存储集合中的数据元素，这时可以利用二叉排序树的查找算法来查找数据元素。

### 8.2.1 二叉排序树的查找性能

6.3.2 小节介绍了二叉排序树及其相关算法。如果建立一棵二叉排序树来存储集合中的数据元素，那么查找数据元素时需要利用二叉排序树的查找算法。

二叉排序树查找算法的时间复杂度由树的深度决定。

图 8-2 所示为具有 8 个结点的 3 棵二叉排序树。对于图 8-2（a）所示的二叉排序树，查找算法的时间复杂度是 $O(\log_2 n)$。而对于图 8-2（b）和图 8-2（c）所示的两棵二叉排序树，查找算法的时间复杂度为 $O(n)$。二叉排序树的形态决定了其查找算法的性能。

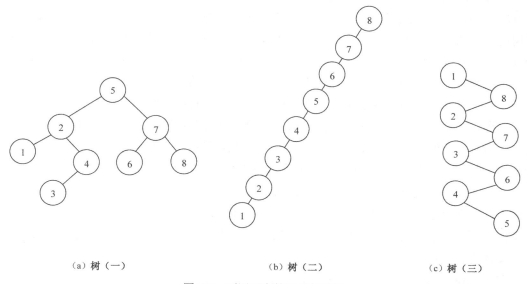

（a）树（一）　　　　　（b）树（二）　　　　　（c）树（三）

图 8-2　不同形态的二叉排序树

由二叉排序树的定义可知，根结点左子树的关键字均小于根结点的关键字，根结点右子树的关键字均大于根结点的关键字。在二叉排序树中进行查找时，用待查找的关键字与根结点的关键字进行比较，根据比较结果选择左子树或者右子树继续查找。如果左子树和右子树的结点数目大致相等，如图 8-2（a）所示，则一次比较就能够将查找的范围缩小一半，这种二叉排序树是形态较好的二叉排序树。如果左子树和右子树的结点数目相差较大，如图 8-2（b）和图 8-2（c）所示，则一次比较只能将查找范围减少一个结点，这样的二叉排序树是形态较差的二叉排序树。

表 8-3 比较了线性查找表和二叉排序树的查找性能。从该表可以看出，在平均情况下，二叉排序树具有较好的查找性能。但是，在最坏的情况下，二叉排序树的查找性能退化为与无序顺序表一致。

表 8-3　线性查找表和二叉排序树的查找性能比较

| | | 平均情况 | 最坏情况 |
|---|---|---|---|
| 顺序表 | 有序 | $O(\log_2 n)$ | $O(\log_2 n)$ |
| | 无序 | $O(n)$ | $O(n)$ |
| 链表 | 有序 | $O(n)$ | $O(n)$ |
| | 无序 | $O(n)$ | $O(n)$ |
| 二叉排序树 | | $O(\log_2 n)$ | $O(n)$ |

## 8.2.2　平衡二叉树

二叉排序树的形态决定了其查找算法的性能。为了描述二叉排序树的形态，可以给二叉排序树的每一个结点附加一个值，称为结点的平衡因子。一个结点左子树的深度减去右子树的深度的差值，称为该结点的平衡因子。如果一棵二叉排序树所有结点的平衡因子只能取-1、0 和 1，则称该二叉排序树为平衡二叉树（AVL 树），其定义如下。

一棵平衡二叉树或者是空树，或者是具有下列性质的二叉排序树：根结点的左子树和右子树都是平衡二叉树，且左子树和右子树的深度之差的绝对值不超过 1。

平衡二叉树也是二叉排序树，在平衡二叉树中查找的算法与二叉排序树相同。如果平衡二叉树有 n 个结点，则其深度为 $O(\log_2 n)$。在最坏情况下，平衡二叉树中查找算法的性能是 $O(\log_2 n)$，与二叉排序树相比，具有较好的性能。

而二叉排序树是通过逐个插入元素的方式建立的，其元素的插入顺序将决定其形态。因此，为了建立平衡二叉树以提高查找性能，需要修改二叉排序树的插入过程。同时，在二叉树中删除结点也可能导致平衡二叉树失去平衡性，故在平衡二叉树中删除结点时也要对二叉树进行调整以保持其平衡性。

在二叉排序树中，调整其结点以保持其平衡性的操作称为旋转操作。旋转操作交换一个结点与其子孙结点的角色，并保持二叉树的排序性质。

在一棵平衡二叉树中插入一个结点使得该二叉树失去平衡性质共有 4 种情况，需要分别进行调整。下面分别介绍这 4 种情况。

### 1．右单旋转

图 8-3（a）所示为一棵平衡二叉树。子树 C、D、E 的高度均为 h，结点 a 的和结点 b 的平衡因子分别为 1 和 0。如果在结点 b 的左子树下面插入一个结点 w，如图 8-3（b）所示，则将使结点 a 和结点 b 的平衡因子分别变为 2 和 1，结点 a 失去平衡性。故需要对插入结点后的二叉树进行调整，使各结点的平衡因子的绝对值不超过 1，且保持二叉树的排序性质。调整方案如下：将结点 b 调整为根结点，结点 a 调整为结点 b 的右子树，将结点 b 的右子树 E 调整为结点 a 的左子树，如图 8-3（c）所示。这样就使得结点 b 和结点 a 的平衡因子都变为 0，保证了二叉树的平衡性，同时也保持了二叉树的排序性质。

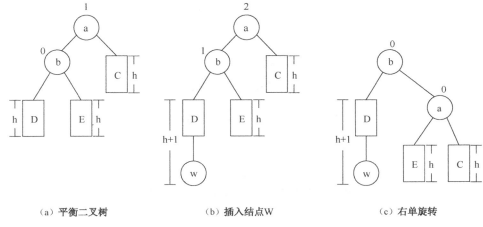

（a）平衡二叉树　　　　　　　（b）插入结点W　　　　　　　（c）右单旋转

图 8-3　平衡二叉树的右单旋转

### 2．左单旋转

图 8-4（a）所示为一棵平衡二叉树。子树 C、D、E 的高度均为 h，结点 a 的和结点 b 的平衡因子分别为-1 和 0。如果在结点 b 的右子树下面插入一个结点 w，如图 8-4（b）所示，则将使结点 a 和结点 b 的平衡因子分别变为-2 和-1，结点 a 失去平衡性。故需要对插入结点后的二叉树进行调整，使各结点的平衡因子的绝对值不超过 1，且保持二叉树的排序性质。调整方案为：将结点 b 调整为根结点，结点 a 调整为结点 b 的左子树，将结点 b 的左子树 D 调整为结点 a 的右子树，如图 8-4（c）所示。这样就使得结点 b 和结点 a 的平衡因子都变为 0，保证了二叉树的平衡性，同时也保持了二叉树的排序性质。

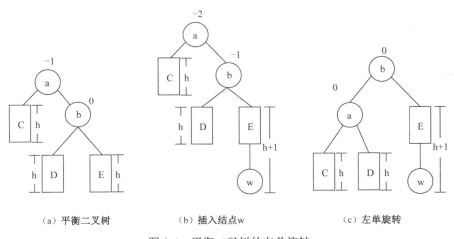

（a）平衡二叉树　　　　　　　（b）插入结点w　　　　　　　（c）左单旋转

图 8-4　平衡二叉树的左单旋转

### 3．先左旋后右旋

图 8-5 所示的插入前的平衡二叉树结点 a 的平衡因子为 1。如果在结点 e 的左子树 F 或右子树 G 的下面再插入一个结点 w，则将使结点 a 的平衡因子变为 2，从而失去平衡性。

如果结点 w 插入到结点 e 的左子树 F 下面，如图 8-6（a）所示，那么对它进行调整需要两个步骤，先左旋转后右旋转。左旋的结果如图 8-6（b）所示，右旋的结果如图 8-6（c）所示，使得结点 a、b、e 的平衡因子的绝对值都小于等于 1。

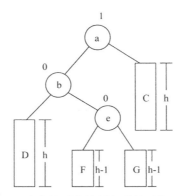

图 8-5　先左旋后右旋插入前的平衡二叉树

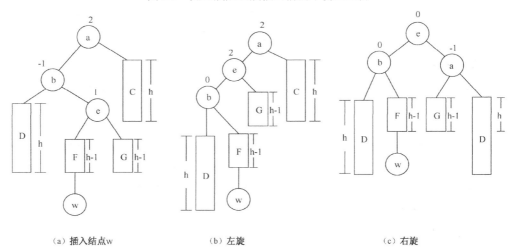

（a）插入结点w　　　　　　　（b）左旋　　　　　　　　（c）右旋

图 8-6　先左旋后右旋第一种情形

　　如果结点 w 插入到结点 e 的右子树 G 下面，如图 8-7（a）所示，那么对它进行调整需要两个步骤，先左旋转后右旋转。左旋的结果如图 8-7（b）所示，右旋的结果如图 8-7（c）所示，使得结点 a、b、e 的平衡因子的绝对值都小于等于 1。

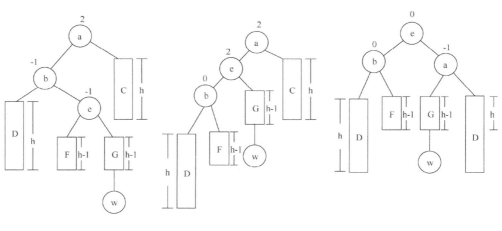

（a）插入结点w　　　　　　　（b）左旋　　　　　　　　（c）右旋

图 8-7　先左旋后右旋第二种情形

#### 4. 先右旋后左旋

图 8-8 所示的插入前的平衡二叉树结点 a 的平衡因子为-1。如果在结点 d 的左子树 F 或右子树 G 的下面再插入一个结点 w，则将使结点 a 的平衡因子变为-2，从而失去平衡性。这里需要先右旋后左旋两个步骤进行调整，调整的过程参见图 8-6 和图 8-7，读者应不难自行完成。

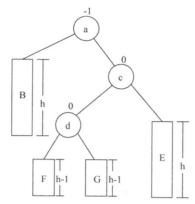

图 8-8　先右旋后左旋插入前的平衡二叉树

在平衡二叉树中删除结点的方法与在二叉排序树中删除结点的方法相同，也要根据待删除的结点的孩子数量选择不同的删除算法。在平衡二叉树中删除结点后可能会破坏二叉树的平衡性，也需要根据情况进行旋转调整，调整方法参见在平衡二叉树中插入结点的方法。

## 8.3　B-树

### 8.3.1　B-树的概念

在二叉树中进行查找时，其效率取决于二叉树的深度。如果能够降低二叉树的深度，则能够提高其查找的效率。B-树是一种多路查找树，与二叉树相比，它能够大幅降低树的深度，故能够进一步提高查找效率。

m 阶 B-树或者为空树，或者为满足下列特征的 m 叉树。

（1）树中每个结点至多有 m 棵子树。

（2）若根结点不是叶子结点，则至少有两棵子树。

（3）所有非根结点至少有 $\left\lceil\dfrac{m}{2}\right\rceil-1$ 个关键字。

（4）所有的叶子结点在同一层上。

（5）分支结点的结构信息如下。

| n | $p_0$ | $K_1$ | $p_1$ | $K_2$ | … | $K_n$ | $p_n$ | … |
|---|---|---|---|---|---|---|---|---|

其中，n 为关键字数，$1\leqslant n\leqslant m-1$；结点有 n 个关键字，即 $K_1$, $K_2$, …, $K_n$，且 $K_1<K_2<\cdots<K_n$；$p_0$, $p_1$, …, $p_n$ 为结点的 n+1 个指向子树根结点的指针，$p_0$ 所指向的子树中所有关键

字均小于 $K_1$，$p_1$ 所指向的子树中所有关键字均大于 $K_1$，且小于 $K_2$，……，$p_n$ 所指向的子树中所有关键字均大于 $K_n$。

图 8-9 所示为一个 4 阶 B-树。

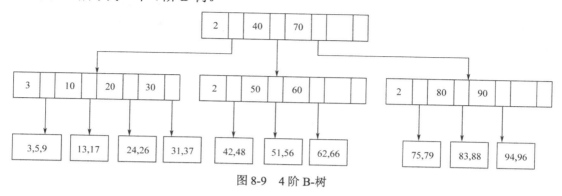

图 8-9　4 阶 B-树

### 8.3.2　B-树的查找

在 B-树中查找关键字 w 的过程如下：从根结点开始，把关键字 w 与结点关键字 $K_i$（$1 \leqslant i \leqslant n$）进行比较。

（1）如果 $w=K_i$，则查找成功。

（2）如果 $w<K_1$，则在 $p_0$ 所指向的子树中继续查找。

（3）如果 $w>k_n$，则在 $p_n$ 所指向的子树中继续查找。

（4）如果 $K_i<w<K_{i+1}$，则在 $p_i$ 所指向的子树中继续查找。

如此循环直到查找成功；当指向子树的指针为空时，确认查找失败。

例如，要在图 8-9 中查找关键字 56。从根结点开始，关键字 56 大于 40 且小于 70，则沿着根结点的第 2 个指针找到其第 2 个子树；关键字 56 大于 50 且小于 60，沿着其第 2 个指针找到关键字 51、56 所在的结点；在这个结点中找到了关键字 56，从而完成了查找操作。

在 B-树中查找不仅要在一个结点内搜索，还要沿着一条路径从上到下搜索，故查找的时间复杂度与 B-树的深度和阶数都有关。

### 8.3.3　B-树的插入

在 m 阶 B-树中插入结点的过程如下：先通过查找操作定位待插入结点所属的叶子结点，并把待插入的结点插入到该叶子结点中，如果该叶子结点的关键字个数不超过 m−1，则插入过程完成；否则该叶子结点的关键字达到了 m 个，不符合 m 阶 B-树的定义，要进行调整。调整的过程为结点分裂的过程，具体方法如下：将该结点的所有关键字分成 3 部分，中间一部分只有一个关键字，其下标为 $\left\lceil \dfrac{m}{2} \right\rceil$，前面一部分的下标为 $1 \sim \left\lceil \dfrac{m}{2} \right\rceil - 1$，后面一部分的下标为 $\left\lceil \dfrac{m}{2} \right\rceil + 1 \sim m$；然后把中间部分的关键字插入到其父结点中，如果其父结点的关键字数达到了 m，则继续分裂其父结点，直到所有结点的关键字数都不超过 m−1。

从 B-树的插入过程可以看出，B-树是从底向上生长的，保证了所有叶子结点都在同一层上。

例如，给定关键字集合{36，53，68，3，78，16，85，98，64，61}，建立一棵 4 阶 B-树。其建立过程如下。

（1）向空树中插入 36，如图 8-10（a）所示。

（2）插入 53，68，如图 8-10（b）所示。

（3）插入 3，这使得图 8-10（b）的结点关键字为 4，需要将其关键字集合分裂为 3 部分，即{3}，{36}，{53，68}，并将 36 上升到该结点的父结点中，如图 8-10（c）所示。

（4）插入 78，16，如图 8-10（d）所示。

（5）插入 85，需要分裂，结果如图 8-10（e）所示。

（6）插入 98，64，61，如图 8-10（f）所示。

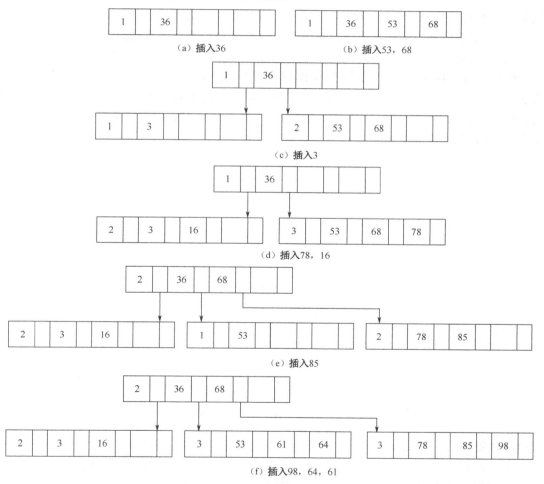

图 8-10  B-树的插入过程

### 8.3.4  B-树的删除

在 B-树的删除关键字情况较为复杂，这里分以下两种情况进行讨论。

### 1．待删除关键字所在结点是叶子结点

删除一个关键字后，还要保证 B-树的性质，即每个非根结点至少有 $\left\lceil\dfrac{m}{2}\right\rceil-1$ 个关键字。此处又可分为如下 3 种情况。

（1）该叶子结点的关键字数 $n\geqslant\left\lceil\dfrac{m}{2}\right\rceil$，删除一个关键字后，该结点的关键字数 $n\geqslant\left\lceil\dfrac{m}{2}\right\rceil-1$，可直接删除该关键字。

（2）该叶子结点的关键字数 $n=\left\lceil\dfrac{m}{2}\right\rceil-1$，且其有一个关键字数 $k\geqslant\left\lceil\dfrac{m}{2}\right\rceil$ 的兄弟结点，该兄弟结点既可以是左兄弟，又可以是右兄弟，此处以右兄弟为例介绍删除操作，过程如下。

① 将双亲结点中刚刚大于待删除关键字的关键字 K 下移并替代被删除的关键字。
② 将右兄弟结点中最小的关键字上移并替代双亲结点中的关键字 K。

例如，要在图 8-11（a）中的 5 阶 B-树中删除关键字 57，它所在的叶子结点关键字数为 2，删除一个关键字后该结点只剩一个关键字，不满足 5 阶 B-树的要求。删除关键字 57 后，将其双亲结点中刚刚大于 57 的关键字 68 下移并替代 57，将右兄弟结点中最小的关键字 73 上移并替代关键字 68，如图 8-11（b）所示。

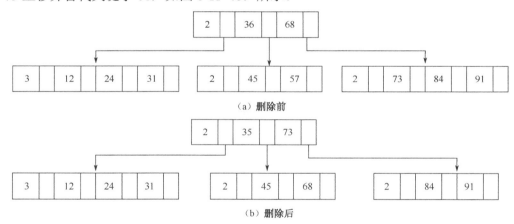

（a）删除前

（b）删除后

图 8-11　删除关键字不合并结点

（3）该叶子结点的关键字数 $n=\left\lceil\dfrac{m}{2}\right\rceil-1$，且其左右兄弟结点的关键字数都是 $\left\lceil\dfrac{m}{2}\right\rceil-1$，则删除关键字后，需要把该叶子结点和其一个兄弟结点合并，合并时，既可以和其左兄弟合并又可以和其右兄弟合并，此处以与其右兄弟合并为例介绍删除操作，过程如下。

设要删除关键字的叶子结点为 q，其双亲结点为 p，q 为 p 的指针 $p_i$（$0\leqslant i\leqslant n-1$）所指向的结点。首先，将 p 中的关键字 $K_{i+1}$ 下移至 q 结点；其次，将 p 中 $p_{i+1}$ 所指向的叶子结点中的全部关键字移到 q 结点，并删除 $p_{i+1}$ 所指向的叶子结点；再次，在结点 p 中，将关键字 $K_{i+1}$ 和指针 $p_{i+1}$ 后面的关键字和指针向前移；最后，修改结点 p 和叶子结点 q 的关键字个数。

例如，在图 8-12（a）所示的 5 阶 B-树中删除关键字 34，它所在的叶子结点有 2 个关

键字，它只有一个右兄弟，也只有 2 个关键字，两个结点的关键字个数都为 $\left\lceil\dfrac{m}{2}\right\rceil-1$。删除

关键字 34 时，首先，将其双亲结点中的关键字 40 下移到它所在的叶子结点；其次，将其
右兄弟结点中的所有关键字都移到 34 所在的叶子结点，并删除它的右兄弟；再次，将双亲
结点中关键字 40 以后的关键字和指针都向前移；最后，修改两个结点的关键字个数。最终
结果如图 8-12（b）所示。

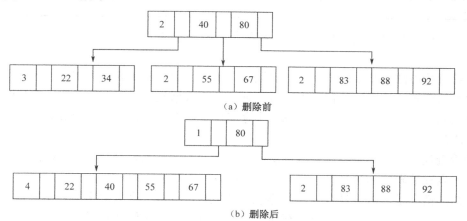

（a）删除前

（b）删除后

图 8-12　删除关键字并合并结点

需要注意的是，在合并的过程中，双亲结点中的关键字也会减少 1 个。如果双亲结点
是根结点，且合并后双亲结点的关键字个数为 0，则删除根结点，合并后的结点成为新的
根结点。如果双亲结点不是根结点，且合并后双亲结点的关键字个数少于 $\left\lceil\dfrac{m}{2}\right\rceil-1$，则要继

续将双亲结点与其一个兄弟结点合并，直到所有的结点都满足 B-树的定义。在最坏的情况
下，要从下到上合并直到根结点。

**2．待删除关键所在结点不是叶子结点**

设待删除关键字为其所在结点中的关键字 $K_i$，关键字 $K_i$ 右边的指针为 $p_i$。要删除关键
$K_i$，首先用 $p_i$ 所指子树中最小的关键字 w 代替关键字 $K_i$，然后在 w 所在的结点中删除 w。
根据 B-树的定义，关键字 w 所在的结点一定是一个叶子结点。这样即可把删除一个非叶子
结点中的关键字转化为删除一个叶子结点中的关键字。

## 8.4　哈希查找

### 8.4.1　哈希表查找

在前面几节介绍的查找方法中，数据元素与其存储位置之间不存在确定的关系。所以，
查找数据元素时需要进行一系列的比较操作才能确定待查找数据元素的位置。一次比较操
作可以减少需要查找的范围，减少的范围越大，查找的效率越高，反之则越低。

如果在数据元素与其存储位置之间建立对应关系，则可以根据数据元素直接找到其存
储位置，避免进行关键字比较，大幅提高查找效率，这就是哈希查找的基本思想。

例 8-1：有 10 个关键字分别为 30、99、86、68、73、48、12、24、17、60 的数据元素，如果用函数 f（k）=k%11 来建立关键字与其存储位置的对应关系，则数据元素关键字与其存储位置的对应关系如表 8-4 所示。

表 8-4　10 个元素的存储位置

| 关键字 | 99 | 12 | 24 | 68 | 48 | 60 | 17 | 73 | 30 | 86 |
|---|---|---|---|---|---|---|---|---|---|---|
| 存储位置 | 0 | 1 | 2 | 3 | 4 | 5 | 6 | 7 | 8 | 9 |

当要查找一个数据元素的位置时，根据待查找元素的关键字，用相同的函数来计算它的存储位置。

哈希查找方法的基本过程如下：选取一个函数，用数据元素的关键字作为参数计算该元素的存储位置，该存储位置称为哈希地址，并将数据元素存储在该位置。查找时，用待查找数据元素的关键字作为参数计算一个存储位置，然后查找该位置的数据元素以确定查找是否成功。

哈希查找方法又称杂凑法、散列法，其中选取的函数称为哈希函数，按照此方法建立的数据元素存储表称为哈希表，哈希表中存储单元的数量称为哈希表长。

理想的情况是，对于具有 n 个数据元素的集合，选取一个关键字与存储位置一一对应的函数，每个数据元素都对应一个存储位置，且每一个存储位置只对应一个数据元素。但是，当关键字不是连续分布且跨度较大时会浪费很多存储空间。有时，不同的关键字会映射到同一个存储地址，这种现象称为冲突。映射到同一个存储地址的关键字称为同义词。

哈希方法需要解决以下两个问题。

（1）构造哈希函数，哈希函数应尽可能简单，以提高计算速度；根据哈希函数计算的存储地址应尽可能均匀分布，减少冲突现象。

（2）设计解决冲突的方案。

## 8.4.2　哈希函数

在本小节中，hash（）表示哈希函数，hash（k）表示以数据元素的关键字 k 计算出来的存储地址。

### 1. 直接定址法

$$hash（k）=a*k+b（a、b 为常数）$$

也就是说，以关键字的一个线性函数作为数据元素的存储地址。直接定址哈希函数关键字与存储地址一一对应，不会产生冲突，但是当关键字跨度较大时会浪费较多的存储空间。

### 2. 模哈希函数

$$hash（k）=k\%M$$

以关键字除以 M 的余数作为数据元素的存储地址。其中，M 是一个常数，当 M 是一个素数，或者没有小于 20 的质因子时，有利于减少冲突的发生。

### 3. 乘余取整法

$$hash（k）=|b*（a*k-|a*k|）|（a、b 为常数，且 0<a<1，b 为整数）$$

以关键字乘以 a，取乘积的小数部分（a*k-|a*k|），再用该小数部分乘以整数 b，取结果的整数部分作为数据元素的存储地址。

该方法中 a 的选择至关重要，一般取 $a=\frac{1}{2}(\sqrt{5}-1)=0.6180399$。

### 4．数字分析法

设数据元素的关键字由 n 位组成，每位上可能有 m 种不同的符号。数字分析法是分析关键字的 n 个组成部分中各符号的分布情况，舍弃其中不均匀的部分，仅选取其中分布较均匀的若干位作为数据元素的存储地址。

如果关键字是十进制数，则每位上可能有 10 个不同的数，即 m=10。如果关键字是由小写英文字母组成的，则每位上可能有 26 个不同的字母，即 m=26。

例 8-2：有一组关键字如下所示。

| 1） | 2） | 3） | 4） | 5） | 6） | 7） | 8） | 9） | 10） | 11） |
|----|----|----|----|----|----|----|----|----|-----|-----|
| 1 | 3 | 9 | 2 | 6 | 7 | 1 | 8 | 9 | 0 | 3 |
| 1 | 3 | 9 | 2 | 6 | 7 | 2 | 1 | 1 | 0 | 6 |
| 1 | 3 | 9 | 4 | 6 | 7 | 3 | 3 | 7 | 8 | 3 |
| 1 | 3 | 9 | 5 | 6 | 7 | 2 | 0 | 6 | 2 | 5 |
| 1 | 3 | 9 | 2 | 6 | 7 | 3 | 2 | 9 | 9 | 3 |
| 1 | 3 | 9 | 2 | 6 | 7 | 2 | 3 | 7 | 0 | 9 |
| 1 | 3 | 9 | 4 | 6 | 7 | 2 | 2 | 6 | 1 | 2 |
| 1 | 3 | 9 | 5 | 6 | 7 | 3 | 6 | 3 | 7 | 1 |
| 1 | 3 | 9 | 2 | 6 | 7 | 2 | 1 | 5 | 8 | 4 |
| 1 | 3 | 9 | 5 | 6 | 7 | 1 | 5 | 9 | 1 | 5 |

其中，前 3 位都是 139，第 4 位是 2、4、5，第 5、6 位是 67，第 7 位是 1、2、3。这几位分布不均匀，不适合选为数据元素的存储地址。只有最后 4 位分布较均匀，可以作为数据元素的存储地址。

### 5．平方取中法

平方取中法先计算关键字的平方，然后取其中间的若干位作为数据元素的存储地址。

因为一个值 k 的平方值的中间几位与 k 的每一位都有关，取中间几位能够减少冲突的发生，故平方取中法具有较好的性能。

平方取中法计算过程较为复杂，根据关键字计算数据元素的存储地址时需要较多的时间。

### 6．折叠法

折叠法的计算过程如下：先把关键字自左至右分成位数相等的几部分，最后一部分的位数可以少一些；然后把这几部分的数据叠加起来，即可得到数据元素的存储地址。

有两种叠加的方法：移位法和分界法。移位法是把各部分的最后一位对齐并相加，得到数据元素的存储地址；分界法是把各部分的数据沿着它们之间的分界来回折叠，并对齐相加，结果作为数据元素的存储地址。在这两种方法中，如果相加的结果超出了地址位数，则舍弃超出的部分。

例如，设待计算的关键字为 k=15318475845，每部分包括 3 位，则该关键字可以分为 4

部分：153、184、758、45。

采用移位法相加的结果为 153+184+758+45=1140→140。

采用分界法相加的结果为 153+481+758+54=1446→446。

当关键字的位数较多，且分布较为均匀时，采用折叠法可以得到分布均匀的存储地址。

### 8.4.3　冲突处理

当两个或多个数据元素根据哈希函数计算的地址相同时，就会发生冲突。处理冲突也是哈希查找技术的重要环节。常用的处理冲突的方法有以下几种。

#### 1．开放定址法

在开放定址法中，首先用哈希函数根据给定的关键字计算一个存储地址，然后检查该存储位置上是否已经存储了其他的数据元素，如果没有，则将待存的数据元素存储到该存储单元；如果有，则需要重新找一个空闲的存储单元来存放待存数据元素，这个找空闲存储单元的过程称为探测。开放定址法中探测的方法有多种，这里介绍以下两种方法。

1）线性探测法

$$h_i=((hash(k)+d_i))\%M \qquad (1\leqslant i<M)$$

其中，hash(k)为哈希函数；M 为哈希表长度；增量序列为 1，2，…，M-1；$d_i=i$。

线性探测法过程如下：先用关键字 k 计算存储地址，如果该单元不空，则依次给该地址增加一个增量，增量序列为 1，2，…，M-1，直到找到一个空闲的存储单元为止，将数据元素存储在该单元中即可。

例 8-3：设关键字集合为{93，3，17，77，82，48，56，41，36}，哈希表长为 11，哈希函数为 hash（k）=k%11，用线性探测法处理冲突。

建立哈希表的过程如下。

① 计算 93、3、17、77 的存储地址分别为 5、3、6、0，且都没有冲突，可以直接存入。

② 计算 82 的存储地址为 5，发生冲突，进行线性探测，给该地址增加一个增量 1，地址变为 6，依然冲突，增量变为 2，哈希地址变为 7，没有冲突，故 82 存储在地址为 7 的存储单元中。

③ 计算 48、56、41 的哈希地址，分别为 4、1、8，且都没有冲突，可以直接存入。

④ 计算 36 的哈希地址为 3，发生冲突，进行线性探测时，增量从 1 增加到 5 都发生冲突，当增量为 6 时，没有冲突，36 存放在地址为 9 的存储单元中。最终结果如表 8-5 所示。

表 8-5　线性探测存储

| 下标 | 0 | 1 | 2 | 3 | 4 | 5 | 6 | 7 | 8 | 9 | 10 |
|---|---|---|---|---|---|---|---|---|---|---|---|
| 关键字 | 77 | 56 | | 3 | 48 | 93 | 17 | 82 | 41 | 36 | |

采用线性探测时，随着哈希表中数据元素数目的增加，表中会出现数据元素聚集的现象，称为聚类。聚类会增加线性探测的次数，从而降低哈希查找的性能。

2）二次探测法

$$h_i=((hash(k)\pm d_i))\%M$$

其中，hash(k)为哈希函数；M 为哈希表长度；增量序列为 $1^2$，$-1^2$，$2^2$，$-2^2$，…，$p^2$，$-p^2$，且 p<M。

使用二次探测法为关键字集合为{93，3，17，77，82，48，56，41，36}建立哈希表的过程如下。

① 计算 93、3、17、77 的存储地址分别为 5、3、6、0，且都没有冲突，可以直接存入。

② 计算 82 的存储地址为 5，发生冲突，进行线性探测，给该地址增加一个增量 1，地址变为 6，依然冲突，增量变为-1，哈希地址变为 4，没有冲突，故 82 存储在地址为 4 的存储单元中。

③ 计算 48 的哈希地址为 4，发生冲突，进行二次探测，增量依次为 1、−1、2 都发生冲突，当增量为−2 时没有冲突，故 48 存储在地址为 2 的存储单元中。

④ 计算 56、41 的哈希地址，分别为 4、1、8，且都没有冲突，可以直接存入。

⑤ 计算 36 的哈希地址为 3，发生冲突，进行线性探测时，增量依次为 1、−1、2、-2、3、−3 时都发生冲突，当增量为 4 时，没有冲突，36 存放在地址为 7 的存储单元中。最终结果如表 8-6 所示。

表 8-6　二次探测存储

| 下标 | 0 | 1 | 2 | 3 | 4 | 5 | 6 | 7 | 8 | 9 | 10 |
|------|---|---|---|---|---|---|---|---|---|---|----|
| 关键字 | 77 | 56 | 48 | 3 | 82 | 93 | 17 | 36 | 41 |  |  |

查找时，先根据待查找数据元素的关键字计算哈希地址，然后利用存储时相同的探测方法进行探测，如果找到待查找数据元素，则查找成功；如果探测到一个空的存储单元，则查找失败，停止探测。

设 N 为哈希表中存放的数据元素数目，M 为哈希表长度。哈希表的装载因子定义为 $\alpha=N/M$。它表示哈希表中已经存储了数据元素的存储单元数占总存储单元数的百分比。

开放定址法的性能依赖于装载因子。当 α 较小时，存储时需要较少的探测次数就能找到空闲存储单元，查找时需要较少的探测次数就能找到数据元素。当 α 较大时，存储时发生冲突的概率大大增加，需要多次探测才能找到空闲的存储单元，查找时也需要多次探测才能找到数据元素。当 α<0.5 时，哈希表的查找性能较好。

## 2．链地址法

链地址法就是对每个哈希地址建立一个链表，将哈希地址相同的不同数据元素存储到一个链表中。

例 8-4：设关键字集合为{50，25，46，22，65，49，19，21，31，41，97，56，90}，哈希表长为 11，哈希函数为 hash（k）=k%11，用链地址法处理冲突。

该集合中各关键字的哈希地址如表 8-7 所示。

表 8-7　链地址法中各关键字的哈希地址

| 关键字 | 50 | 24 | 46 | 22 | 65 | 48 | 19 | 21 | 39 | 41 | 98 | 55 | 90 |
|--------|----|----|----|----|----|----|----|----|----|----|----|----|----|
| 哈希地址 | 6 | 2 | 2 | 0 | 10 | 4 | 8 | 10 | 6 | 8 | 10 | 0 | 2 |

用链地址法处理冲突建立的链表如图 8-13 所示。

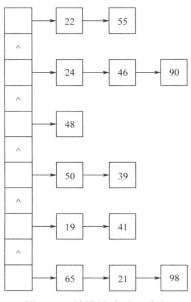

图 8-13  链地址法处理冲突

查找时，根据待查找数据元素的关键字计算哈希地址，然后到相应的链表中按顺序查找。

用链地址法处理冲突时，如果哈希表中存储了 N 个数据元素，一共有 M 个哈希地址，则其装载因子定义为 α=N/M。装载因子表示了各个哈希地址的链表的平均长度。

在链地址法中，M 的大小对查找算法的效率有着较大的影响。增大 M 值能够降低各个哈希地址链表的长度，从而提高查找效率；反之，减少 M 值会增加各个哈希地址链表的长度，从而降低查找效率。

### 3．建立一个公共溢出区

假设哈希函数产生的哈希地址是[0，M-1]，则哈希表包括两个表：基本表和溢出表。基本表的地址是 0～M-1，只能存储 M 个数据元素。溢出表的长度不固定。

存储时，如果有多个数据元素的哈希地址相同，则第一个数据元素存储到基本表中，其他数据元素全部按顺序存储到溢出表中。

查找时，根据数据元素的关键字计算出哈希地址，先到基本表指定的哈希地址处查找，如果该存储单元为空，则查找失败；如果该存储单元不为空且数据元素的关键字等于待查找的关键字，则查找成功；如果该存储单元不为空且数据元素的关键字不等于待查找的关键字，则转到溢出表按顺序查找，根据查找结果决定是否查找成功。

## 8.4.4  哈希查找的性能

哈希查找的性能主要取决于哈希函数、冲突处理方法和装载因子。当装载因子较小时，线性探测具有最快的查找性能；当装载因子较大时，线性探测性能下降较快。当装载因子较小时，二次探测的内存使用最有效；当装载因子较大时，二次探测的性能优于线性探测。链地址法较容易实现，不会随着哈希表中元素的增加而出现性能迅速下降的情况，但其平均情况下的查找性能不如开放定址法。

# 习　　题

8.1　编写算法，判别一棵给定的二叉树是否为二叉排序树。

8.2　已知二叉排序树 T 的结点形式为(llink, data,count,rlink,)，在树中查找值为 X 的结点，若找到，则记数（count）加 1；否则，作为一个新结点插入到树中，插入后仍为二叉排序树，写出其非递归算法。

8.3　假设一棵平衡二叉树的每个结点都标明了平衡因子 b，编写算法，求平衡二叉树的高度。

8.4　在二叉排序树的结构中，有些数据元素值可能是相同的，设计一个算法按递增顺序输出结点的数据域，要求相同的数据元素仅输出一个，记录最后被过滤掉，而未输出数据元素的个数。

8.5　设二叉排序树的存储结构如下。

```
typedef int DataType;
typedef struct node
{
    DataType  data;
    int  size;
    struct  node * LChild,* RChild, *parent;
}BTNode;
```

一个结点 x 的 size 域的值是以该结点为根的子树中结点的总数（包括 x 本身）。例如，图 8-14 中 x 所指结点的 size 值为 4。设树高为 h，编写时间复杂度为 O(h)的算法，返回 x 所指结点在二叉排序树 T 的中序序列中的排序序号，即求 x 结点是根为 T 的二叉排序树中第几个最小元素。例如，图 8-14 中 x 所指结点是树 T 中第 11 个最小元素。

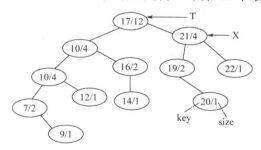

图 8-14　示例

8.6　已知某哈希表的装载因子小于 1，设哈希函数 hash（key）为关键字的第一个字母在字母表中的序号，处理冲突的方法为线性探测开放定址法，编写算法，按第一个字母的顺序输出哈希表中所有关键字的算法。

8.7　假设有一个 1000×1000 的稀疏矩阵，其中 1%的元素为非零元素，现要求以哈希表作为存储结构。编写算法，以给定的元素的行值和列值确定矩阵元素在哈希表中的位置。

8.8　编写算法，从哈希表中删除关键字为 K 的一个记录，设哈希函数为 hash，解决冲突的方法为链地址法。

8.9　在用除余法作为哈希函数、线性探测解决冲突的散列表中，编写算法，删除给定的关键字，要求将所有可以前移的元素前移并填充被删除的空位，以保证探测序列不断裂。

8.10　编写算法，实现用链接表解决冲突的哈希表插入功能。

# 第9章 排　序

排序是计算机处理数据时常用的一种重要运算。排序的功能是将一个任意顺序的数据元素的集合按关键字排列成一个有序的序列。在一个排好序的序列中查找数据元素时，可以用效率较高的折半查找法，提高查找效率。

## 9.1　基本概念

本节介绍几个与排序算法有关的基本概念。

### 1．关键字

一个数据元素常常包括多个数据成员，称为数据元素的属性。排序时以其中的一个属性作为排序依据，该属性称为数据元素的关键字。在不同的情况下，可以用不同的属性作为排序的关键字。

不同的数据元素的关键字可能相同，也可能不同。如果不同数据元素的关键字不同，则排序的结果就是唯一的；如果不同数据元素的关键字相同，则排序的结果可能不唯一。

### 2．排序

排序就是按关键字递增或递减的顺序，把数据元素依次排列起来，使一组任意排列的数据元素变成一组按关键字有序的数据元素。把关键字按从小到大的顺序排列称为升序排序，相应的序列称为升序序列；把关键字按从大到小的顺序排列称为降序排序，相应的序列称为降序序列。升序排序时，如果一个序列的数据元素是按关键字从大到小排列的，则称该序列是反序的，同样，也有降序排序的反序序列。

### 3．逆序

待排序序列中如果有两个数据元素的顺序与排序的要求相反，则称它们构成一个逆序，或者倒置。例如，升序排序时，如果前面的元素的关键字大于后面元素的关键字，这两个元素就构成一个逆序。一个序列中逆序的数量反映了该序列和目标序列的差距，如果当前序列中逆序数为0，则它已经是有序的序列了。逆序数最大的序列是反序序列。

### 4．稳定性

对于待排序序列中的任意两个数据元素 $d_1$ 和 $d_2$，它们的关键字相等，排序之前，$d_1$ 排在 $d_2$ 的前面，排序之后，如果 $d_1$ 仍然在 $d_2$ 的前面，则称排序算法是稳定的，否则称排序算法是不稳定的。

### 5．内部排序和外部排序

内部排序是指对存储在计算机内存中的数据进行排序的过程。外部排序是指对存储在计算机外部存储器中的数据进行排序的过程，在排序的过程中需要不断地在内存和外存之间移动数据。

衡量排序算法性能的两个常用指标是算法的时间复杂度和空间复杂度。常用算法执行中的关键字比较次数和数据元素的移动次数来衡量排序算法的时间复杂度。排序算法的时间复杂度可以按照最好情况、最坏情况和平均情况分别进行计算。排序算法的空间复杂度是指算法执行过程中需要的额外的存储单元。

## 9.2　简单排序方法

简单排序方法有 3 种：选择排序、插入排序和冒泡排序。

### 9.2.1　选择排序

对 n 个数据元素 $a_1$～$a_n$ 进行排序，选择排序的过程如下。

初始时 i=1；

（1）在数组元素 $a_i$～$a_n$ 中选择关键字最小的数据元素 $a_k$。

（2）如果 k 不等于 i，则交换 $a_i$ 和 $a_k$。

（3）i=i+1，重复执行该过程，直到 i 等于 n 为止。

对具有 n 个数据元素的序列进行排序时，选择排序需要进行 n-1 趟选择。进行第 i（1≤i≤n-1）趟选择时，前面已经有 i-1 个数据元素排好序了，第 i 趟从剩下的 n-i+1 个数据元素中选择一个关键字最小的数据元素，并将它与第 i 个数据元素交换，这样即可使前面的 i 个数据元素排好序。

图 9-1 所示为对 14 个数据元素进行选择排序的过程。对 14 个数据元素排序需要进行 13 趟选择，每一趟选择使序列的有序部分（用粗体表示）长度增加 1。第 13 趟选择之后，未排序的数据元素只有一个，这时全部数据元素就排好序了。

| 原序列 | 79 | 11 | 22 | 30 | 65 | 91 | 88 | 97 | 35 | 54 | 38 | 34 | 9 | 47 |
|---|---|---|---|---|---|---|---|---|---|---|---|---|---|---|
| 第 1 趟 | **9** | 11 | 22 | 30 | 65 | 91 | 88 | 97 | 35 | 54 | 38 | 34 | 79 | 47 |
| 第 2 趟 | **9** | **11** | 22 | 30 | 65 | 91 | 88 | 97 | 35 | 54 | 38 | 34 | 79 | 47 |
| 第 3 趟 | **9** | **11** | **22** | 30 | 65 | 91 | 88 | 97 | 35 | 54 | 38 | 34 | 79 | 47 |
| 第 4 趟 | **9** | **11** | **22** | **30** | 65 | 91 | 88 | 97 | 35 | 54 | 38 | 34 | 79 | 47 |
| 第 5 趟 | **9** | **11** | **22** | **30** | **34** | 91 | 88 | 97 | 35 | 54 | 38 | 65 | 79 | 47 |
| 第 6 趟 | **9** | **11** | **22** | **30** | **34** | **35** | 88 | 97 | 91 | 54 | 38 | 65 | 79 | 47 |
| 第 7 趟 | **9** | **11** | **22** | **30** | **34** | **35** | **38** | 97 | 91 | 54 | 88 | 65 | 79 | 47 |
| 第 8 趟 | **9** | **11** | **22** | **30** | **34** | **35** | **38** | **47** | 91 | 54 | 88 | 65 | 79 | 97 |
| 第 9 趟 | **9** | **11** | **22** | **30** | **34** | **35** | **38** | **47** | **54** | 91 | 88 | 65 | 79 | 97 |
| 第 10 趟 | **9** | **11** | **22** | **30** | **34** | **35** | **38** | **47** | **54** | **65** | 88 | 91 | 79 | 97 |
| 第 11 趟 | **9** | **11** | **22** | **30** | **34** | **35** | **38** | **47** | **54** | **65** | **79** | 91 | 88 | 97 |
| 第 12 趟 | **9** | **11** | **22** | **30** | **34** | **35** | **38** | **47** | **54** | **65** | **79** | **88** | 91 | 97 |
| 第 13 趟 | **9** | **11** | **22** | **30** | **34** | **35** | **38** | **47** | **54** | **65** | **79** | **88** | **91** | 97 |

图 9-1　选择排序过程

选择排序的算法描述如下：

```
void selectSort( int a[], int n )
{
        int i, j, k, tmp;
        for( i = 0; i < n-1; i++ )
        {
                k = i;
                for( j = i+1; j < n; j++ )
                        if( a[j] < a[k] )
                                k = j;
                if( k != i )
                { tmp = a[i]; a[i] = a[k]; a[k] = tmp; }
        }
}
```

选择排序的关键字比较次数与序列的初始状态无关。对 n 个数据元素进行排序时，第 1 趟的比较次数为 n-1 次，第 i 趟的比较次数是 n-i 次，第 n-1 趟（最后一趟）的比较次数是 1 次。因此，总的比较次数为 n（n-1）/2。

选择排序每一趟都可能移动一次数据元素，其总的移动次数与序列的初始状态有关。当序列已经排好序时，元素的移动次数为 0。当每一趟都需要移动数据元素时，总的移动次数为 n-1。

选择排序的时间复杂度为 O（$n^2$）。选择排序不需要辅助的存储单元，其空间复杂度为 O（1）。选择排序在排序过程中需要在不相邻的数据元素之间进行交换，它是一种不稳定的排序方法。

## 9.2.2　插入排序

插入排序的基本思想是将待排序的数据元素逐步插入到一个已经排好序的序列中，当所有待排序的数据元素都已经插入后，排序操作完成。确定一个数据元素在已排好序的序列中的位置有多种不同的方法，根据这些方法的不同，插入排序又分为以下 3 种。

### 1．直接插入排序

在直接插入排序中，当要插入第 i 个数据元素 $a_i$ 时，前面的 i-1 个数据元素 $a_1$～$a_{i-1}$ 已经排好序了。这时需要将 $a_i$ 依次与 $a_{i-1}$，$a_{i-2}$，…，$a_1$ 进行比较，找到插入位置后将 $a_i$ 插入。

对 n 个数据元素进行排序，直接插入排序的过程如下。

初始时 i=2；

（1）将 $a_i$ 插入到已排好序的序列 $a_1$～$a_{i-1}$ 中。

（2）i＝i+1，重复步骤（1）直到 i 等于 n+1。

对具有 n 个数据元素的序列进行排序时，直接插入排序需要进行 n-1 趟插入。进行第 j（1≤j≤n-1）趟插入时，前面已经有 j 个数据元素排好序了，第 j 趟将 $a_{j+1}$ 插入到已经排好序的序列 $a_j$，$a_{j-1}$，…，$a_1$ 中，这样即可使前面的 j+1 个数据元素排好序。

图 9-2 所示为对 14 个数据元素进行直接插入排序的过程。对 14 个数据元素排序需要进行 13 趟插入，每一趟选择使序列的有序部分（用粗体表示）长度增加 1。第 13 趟插入之后全部数据元素就排好序了。

| 原序列 | 25 | 11 | 20 | 28 | 86 | 50 | 87 | 74 | 24 | 92 | 99 | 21 | 60 | 12 |
|---|---|---|---|---|---|---|---|---|---|---|---|---|---|---|
| 初始 | 25 | 11 | 20 | 28 | 86 | 50 | 87 | 74 | 24 | 92 | 99 | 21 | 60 | 12 |
| 第1趟 | 11 | 25 | 20 | 28 | 86 | 50 | 87 | 74 | 24 | 92 | 99 | 21 | 60 | 12 |
| 第2趟 | 11 | 20 | 25 | 28 | 86 | 50 | 87 | 74 | 24 | 92 | 99 | 21 | 60 | 12 |
| 第3趟 | 11 | 20 | 25 | 28 | 86 | 50 | 87 | 74 | 24 | 92 | 99 | 21 | 60 | 12 |
| 第4趟 | 11 | 20 | 25 | 28 | 86 | 50 | 87 | 74 | 24 | 92 | 99 | 21 | 60 | 12 |
| 第5趟 | 11 | 20 | 25 | 28 | 50 | 86 | 87 | 74 | 24 | 92 | 99 | 21 | 60 | 12 |
| 第6趟 | 11 | 20 | 25 | 28 | 50 | 86 | 87 | 74 | 24 | 92 | 99 | 21 | 60 | 12 |
| 第7趟 | 11 | 20 | 25 | 28 | 50 | 74 | 86 | 87 | 24 | 92 | 99 | 21 | 60 | 12 |
| 第8趟 | 11 | 20 | 24 | 25 | 28 | 50 | 74 | 86 | 87 | 92 | 99 | 21 | 60 | 12 |
| 第9趟 | 11 | 20 | 24 | 25 | 28 | 50 | 74 | 86 | 87 | 92 | 99 | 21 | 60 | 12 |
| 第10趟 | 11 | 20 | 24 | 25 | 28 | 50 | 74 | 86 | 87 | 92 | 99 | 21 | 60 | 12 |
| 第11趟 | 11 | 20 | 21 | 24 | 25 | 28 | 50 | 74 | 86 | 87 | 92 | 99 | 60 | 12 |
| 第12趟 | 11 | 20 | 21 | 24 | 25 | 28 | 50 | 60 | 74 | 86 | 87 | 92 | 99 | 12 |
| 第13趟 | 11 | 12 | 20 | 21 | 24 | 25 | 28 | 50 | 60 | 74 | 86 | 87 | 92 | 99 |

图 9-2　直接插入排序过程

直接插入排序的算法描述如下。

```
void insertSort( int a[], int n )
{
    int i, j, tmp;
    for( i = 1; i < n; i++ )
    {
        tmp = a[i];
        j = i - 1;
        while( j >= 0 && tmp < a[j] )
        {
            a[j+1] = a[j];
            j--;
        }
        a[j+1] = tmp;
    }
}
```

直接插入排序关键字比较次数和数据元素移动次数与数据元素的初始状态有关。在最好的情况下，待排序的序列是已经排好序的，每一趟插入，只需要比较一次就可以确定待插入的数据元素的位置，需要移动 2 次数据元素。因此总的关键字比较次数为 n-1，总的数据元素移动次数为 2（n-1）。

在最坏的情况下，待排序的序列是反序的，每一趟中，待插入的数据元素需要与前面已排序序列中的每一个数据元素进行比较，移动次数等于比较次数。因此，总的比较次数和移动次数都是 n（n-1）/2。

直接插入排序的时间复杂度为 O（n²）。直接插入排序需要一个单位的辅助存储单元，其空间复杂度为 O（1）。直接插入排序只在相邻的数据元素之间进行交换，它是一种稳定的排序方法。

### 2. 折半插入排序

折半插入排序采用折半查找法确定待插入数据元素的位置。

折半插入排序的算法描述如下。

```
void binSort( int a[], int n )
{
    int i, j, tmp, mid, low, high;
    for( i = 1; i < n; i++ )
    {
        tmp = a[i];
        low = 0;
        high = i - 1;
        while( low <= high )
        {
            mid = (low + high) / 2;
            if( a[mid] > tmp )
                high = mid - 1;
            else
                low = mid + 1;
        }
        for( j = i - 1; j >= low; j-- )
            a[j+1] = a[j];
        a[low] = tmp;
    }
}
```

折半插入排序的关键字比较次数与数据元素的初始状态无关。在进行第 i 趟插入时，需要经过$|\log_2 i|+1$ 次关键字比较，才能确定数据元素的插入位置。折半插入排序总的关键字比较次数约为 $n\log_2 n$。折半插入排序数据元素的移动次数与数据序列的初始状态有关，最好情况下需要移动 2（n-1）次，最坏情况下需要移动 n（n-1）/2 次。

折半插入排序的时间复杂度为 O（$n^2$）。折半插入排序需要一个单位的辅助存储单元，其空间复杂度为 O（1）。直接插入排序只在相邻的数据元素之间进行交换，它是一种稳定的排序方法。

### 3. 希尔排序

希尔排序的基本思想如下：选定一个增量 $h_1$（$h_1<n$），把序列中的数据元素从第 1 个开始分组，所有相距 $h_1$ 的数据元素分为一组，一共有 $h_1$ 组，并在各组内采用直接插入排序，使各组内的数据元素排好序；然后选第二个增量 $h_2$（$h_2<h_1$），以 $h_2$ 为距离对数据元素进行分组及排序；重复该分组及排序过程，直到增量值等于 1，此时所有的数据元素分为一组，即完成了对数据序列的排序。

在希尔排序过程中，增量 $h_1$，$h_2$…是在不断缩小的，故希尔排序又称缩小增量排序。希尔排序中，开始时增量较大，各分组中的数据元素较小，排序速度较快。随着排序过程展开，增量逐渐变小，各分组内的数据元素变多，由于前面已经对部分数据元素排好序了，各分组内的数据序列接近排好序的序列，故排序速度仍然较快，故希尔排序能够提高排序速度。

希尔排序的性能取决于增量序列的选择。希尔提出取 $h_2=n/2$，$h_{i-1}=\lfloor \frac{h_i}{2} \rfloor$。Knuth 提出

取 $h_2=n/2$，$h_{i-1}=\lfloor \dfrac{h_i}{3} \rfloor$。

对 14 个关键字进行希尔排序的过程如图 9-3 所示。总共需要进行 3 趟排序，3 趟的增量分别为 7、3、1。

|  |  | 27 | 55 | 18 | 65 | 75 | 92 | 73 | 5 | 83 | 54 | 17 | 95 | 49 | 35 |
|---|---|---|---|---|---|---|---|---|---|---|---|---|---|---|---|
| 第 1 趟 | $h_1$=7 | 5 | 55 | 18 | 17 | 75 | 49 | 35 | 27 | 83 | 54 | 65 | 95 | 92 | 73 |
| 第 2 趟 | $h_2$=3 | 5 | 27 | 18 | 17 | 55 | 49 | 35 | 65 | 83 | 54 | 73 | 95 | 92 | 75 |
| 第 3 趟 | $h_3$=1 | 5 | 17 | 18 | 27 | 35 | 49 | 54 | 55 | 65 | 73 | 75 | 83 | 92 | 95 |

图 9-3　希尔排序过程

希尔排序的算法描述如下。

```
void shellSort( int a[], int n )
{
    int t=0, *h, d, i, j, k, m, tmp;
    h = (int*)malloc( sizeof(int) * n );
    d = n / 2;
    while( d > 0 ) //计算每一趟的间隔
    {
        h[t] = d;
        t++;
        d /= 2;
    }
    for (k = 0; k < t; k++ )  //做 t 趟排序,最后一趟时h=1
    {
        m = h[k];    //取本趟排序的间隔
        for (j = m; j < n; j++)  //对各子表做插入排序
        {
            tmp = a[j];
            i = j - m;
            while ( i >= 0 && a[i] > tmp )
            {
                a[i+m] = a[i];
                i = i-m;
            }
            a[i+m] = tmp ; //待插入元素进入有序子表
        }
    }
}
```

希尔排序的关键字比较次数和数据元素的移动次数约为 $n^{1.25}$，希尔排序的时间复杂度为 $O(n^{1.25})$。希尔排序是不稳定的排序算法。

## 9.2.3　冒泡排序

对 n 个数据元素 $a_1 \sim a_n$ 进行排序，冒泡排序的过程如下。

初始时 i=1；

（1）j=i，依次两两比较 $a_j$ 和 $a_{j+1}$，如果 $a_j$ 大于 $a_{j+1}$ 则交换 $a_j$ 和 $a_{j+1}$，否则不交换，j=j+1，继续比较直到 j=n-i+1。

（2）i=i+1，重复步骤（1）和步骤（2），直到 i=n。

对具有 n 个数据元素的序列进行排序，冒泡排序需要进行 n-1 趟冒泡。进行第 1 趟冒泡后，最大的一个数据元素被交换到最后一个位置，第 2 趟冒泡后，次大的一个数据元素被交换到倒数第二个位置，等等。这样，每一趟都使一个数据元素被交换到适当的位置。

图 9-4 所示为对 14 个数据元素进行冒泡排序的过程。对 14 个数据元素排序需要进行 13 趟冒泡，每一趟冒泡使序列的有序部分（用粗体表示）长度增加 1。第 13 趟冒泡之后，未排序的数据元素只有一个，这时全部数据元素就排好序了。

| 原序列 | 19 | 16 | 75 | 64 | 29 | 88 | 74 | 20 | 76 | 98 | 30 | 67 | 5 | 9 |
|---|---|---|---|---|---|---|---|---|---|---|---|---|---|---|
| 第 1 趟 | 16 | 19 | 64 | 29 | 75 | 74 | 20 | 76 | 88 | 30 | 67 | 5 | 9 | **98** |
| 第 2 趟 | 16 | 19 | 29 | 64 | 74 | 20 | 75 | 76 | 30 | 67 | 5 | 9 | **88** | **98** |
| 第 3 趟 | 16 | 19 | 29 | 64 | 20 | 74 | 75 | 30 | 67 | 5 | 9 | **76** | **88** | **98** |
| 第 4 趟 | 16 | 19 | 29 | 20 | 64 | 74 | 30 | 67 | 5 | 9 | **75** | **76** | **88** | **98** |
| 第 5 趟 | 16 | 19 | 29 | 64 | 30 | 67 | 5 | 9 | **74** | **75** | **76** | **88** | **98** |  |
| 第 6 趟 | 16 | 19 | 20 | 29 | 30 | 64 | 5 | 9 | **67** | **74** | **75** | **76** | **88** | **98** |
| 第 7 趟 | 16 | 19 | 20 | 29 | 30 | 5 | 9 | **64** | **67** | **74** | **75** | **76** | **88** | **98** |
| 第 8 趟 | 16 | 19 | 20 | 29 | 5 | 9 | **30** | **64** | **67** | **74** | **75** | **76** | **88** | **98** |
| 第 9 趟 | 16 | 19 | 20 | 5 | 9 | **29** | **30** | **64** | **67** | **74** | **75** | **76** | **88** | **98** |
| 第 10 趟 | 16 | 19 | 5 | 9 | **20** | **29** | **30** | **64** | **67** | **74** | **75** | **76** | **88** | **98** |
| 第 11 趟 | 16 | 5 | 9 | **19** | **20** | **29** | **30** | **64** | **67** | **74** | **75** | **76** | **88** | **98** |
| 第 12 趟 | 5 | 9 | **16** | **19** | **20** | **29** | **30** | **64** | **67** | **74** | **75** | **76** | **88** | **98** |
| 第 13 趟 | 5 | **9** | **16** | **19** | **20** | **29** | **30** | **64** | **67** | **74** | **75** | **76** | **88** | **98** |

图 9-4 冒泡排序过程

冒泡排序的算法描述过程如下。

```
void bubbleSort( int a[], int n )
{
    int tmp, i, j, flag;
    flag = n-1;  // flag记录一趟比较中最后一次发生交换的位置
    while ( flag > 0 )
    {
        j =flag-1;  flag= 0;// j 用于记录要比较的最后位置,重置f lag初值
        for ( i=0;  i<=j;  i++ )//进行一趟比较,使相邻元素正序
        if (a[i] > a[i+1])
        {
            tmp = a[i];
            a[i] = a[i+1];
            a[i+1] = tmp;
            flag= i;
        }
    }
}
```

冒泡排序的关键字比较次数与数据元素的初始状态无关。第 1 趟的比较次数为 n-1，第 i 趟的比较次数为 n-i，第 n-1 趟（最后一趟）的比较次数为 1，因此冒泡排序总的比较次数为 n（n-1）/2。

冒泡排序的数据元素移动次数与序列的初始状态有关。在最好的情况下，移动次数为

0 次；在最坏的情况下，移动次数为 n（n-1）/2 次。

冒泡排序的时间复杂度为 O（n²）。冒泡排序不需要辅助存储单元，其空间复杂度为 O（1）。如果关键字相等，则冒泡排序不交换数据元素，它是一种稳定的排序方法。

## 9.3 快速排序

快速排序算法的基本思路是任意选取一个数据元素作为基准元素，做一次划分，将所有数据元素集合分为 3 部分；中间部分只包含一个数据元素，为基准元素，它前面的部分包含所有关键字小于基准元素的数据元素，它后面的部分包含所有关键字大于基准元素的数据元素；然后分别对前面部分和后面部分进行划分。

每一次划分都将一个基准元素放在最终位置上，当所有的元素都放在最终位置上后，排序完成。

对数据元素 $a_1 \sim a_n$ 做一趟划分，可以任意选择一个元素作为基准元素，不失一般性，这里选择第一个数据元素作为基准元素，用 t 代表基准。设 i=1，j=n，划分的过程如下。

（1）比较基准元素与第 j 个元素 $a_j$，如果 $a_j > t$，则 j--，继续步骤（1）；如果 $a_j < t$，则将 $a_j$ 移到 i 的位置，i=i+1 转步骤（2）。

（2）比较基准元素与第 i 个元素 $a_i$，如果 $a_i < t$，则 i++，继续步骤（2）；如果 $a_i > t$，则将 $a_j$ 移到 j 的位置，j=j+1 转步骤（3）。

（3）重复步骤（1）和步骤（2），直到 i=j，将基准元素放到 i 的位置。

例如，数据元素集合{38，25，19，57，76，21，48，47，60，88，49，36，13，8}的一次划分的过程：基准元素 t=38，集合中共有 14 个元素，共需要比较 13 次。初始时 i=1，j=14。

第 1 次比较第 j 个元素与基准元素 t，$a_j < t$，将 $a_j$ 移到 i=1 的位置，并置 i=2。

第 2 次比较第 i 个元素与 t，$a_i < t$，不移动，i=3。

第 3 次比较第 i 个元素与 t，$a_i < t$，不移动，i=4。

第 4 次比较第 i 个元素与 t，$a_i > t$，将 $a_i$ 移到 j=14 的位置，并置 j=13。

其余比较如图 9-5 所示。

| 下标范围 | | 1 | 2 | 3 | 4 | 5 | 6 | 7 | 8 | 9 | 10 | 11 | 12 | 13 | 14 |
|---|---|---|---|---|---|---|---|---|---|---|---|---|---|---|---|
| 第 1 次 | i=1,j=14 | | 25 | 19 | 57 | 76 | 21 | 48 | 47 | 60 | 88 | 49 | 36 | 13 | 8 |
| 第 2 次 | i=2,j=14 | 8 | 25 | 19 | 57 | 76 | 21 | 48 | 47 | 60 | 88 | 49 | 36 | 13 | |
| 第 3 次 | i=3,j=14 | 8 | 25 | 19 | 57 | 76 | 21 | 48 | 47 | 60 | 88 | 49 | 36 | 13 | |
| 第 4 次 | i=4,j=14 | 8 | 25 | 19 | 57 | 76 | 21 | 48 | 47 | 60 | 88 | 49 | 36 | 13 | |
| 第 5 次 | i=4,j=13 | 8 | 25 | 19 | | 76 | 21 | 48 | 47 | 60 | 88 | 49 | 36 | 13 | 57 |
| 第 6 次 | i=5,j=13 | 8 | 25 | 19 | 13 | 76 | 21 | 48 | 47 | 60 | 88 | 49 | 36 | | 57 |
| 第 7 次 | i=5,j=12 | 8 | 25 | 19 | 13 | | 21 | 48 | 47 | 60 | 88 | 49 | 36 | 76 | 57 |
| 第 8 次 | i=6,j=12 | 8 | 25 | 19 | 13 | 36 | 21 | 48 | 47 | 60 | 88 | 49 | | 76 | 57 |
| 第 9 次 | i=7,j=12 | 8 | 25 | 19 | 13 | 36 | 21 | 48 | 47 | 60 | 88 | 49 | | 76 | 57 |
| 第 10 次 | i=7,j=11 | 8 | 25 | 19 | 13 | 36 | 21 | | 47 | 60 | 88 | 49 | 48 | 76 | 57 |
| 第 11 次 | i=7,j=10 | 8 | 25 | 19 | 13 | 36 | 21 | | 47 | 60 | 88 | 49 | 48 | 76 | 57 |
| 第 12 次 | i=7,j=9 | 8 | 25 | 19 | 13 | 36 | 21 | | 47 | 60 | 88 | 49 | 48 | 76 | 57 |
| 第 13 次 | i=7,j=8 | 8 | 25 | 19 | 13 | 36 | 21 | | 47 | 60 | 88 | 49 | 48 | 76 | 57 |
| | i=7,j=7 | 8 | 25 | 19 | 13 | 36 | 21 | 38 | 47 | 60 | 88 | 49 | 48 | 76 | 57 |

图 9-5　快速排序一次划分过程

经过一次划分后，基准元素 38 被放到了最终位置，它前面的元素都小于 38，它后面的元素都大于 38。

划分的算法描述如下。

```
int partition ( int a[], int low, int high )
{
        int i, j, tmp;
        tmp = a[low]; //基准元素保存在tmp中
        i= low ;
        j= high ;
        while ( i != j ) //i、j相遇时完成划分
        {
                while( a[j] >= tmp && i < j )
                    j--;
                if ( i < j ) //j 指示的关键字< T的关键字
                {
                        a[i] = a[j];
                        i++;
                        while ( a[i] <= tmp && i < j )
                            i++;
                        if ( i < j ) // i 指示的关键字> T的关键字
                        {
                                a[j] = a[i];
                                j--;
                        }    // i 指示的元素交换到 j 的位置
                }
        }
        a[i] = tmp;
        return i ;
}
```

经过划分后，得到了两个子序列。需要对这两个子序列分别进行划分，此过程需要递归进行，直到排序完成。

对数据元素集合{38，25，19，57，76，21，48，47，60，88，49，36，13，8}的快速排序过程如图 9-6 所示。

| | 38 | 25 | 19 | 57 | 76 | 21 | 48 | 47 | 60 | 88 | 49 | 36 | 13 | 8 |
|---|---|---|---|---|---|---|---|---|---|---|---|---|---|---|
| 第1趟 | 8 | 25 | 19 | 13 | 36 | 21 | 38 | 47 | 60 | 88 | 49 | 48 | 76 | 57 |
| 第2趟 | 8 | 25 | 19 | 13 | 36 | 21 | 38 | 47 | 60 | 88 | 49 | 48 | 76 | 57 |
| 第3趟 | 8 | 21 | 19 | 13 | 25 | 36 | 38 | 47 | 60 | 88 | 49 | 48 | 76 | 57 |
| 第4趟 | 8 | 13 | 19 | 21 | 25 | 36 | 38 | 47 | 60 | 88 | 49 | 48 | 76 | 57 |
| 第5趟 | 8 | 13 | 19 | 21 | 25 | 36 | 38 | 47 | 60 | 88 | 49 | 48 | 76 | 57 |
| 第6趟 | 8 | 13 | 19 | 21 | 25 | 36 | 38 | 47 | 60 | 88 | 49 | 48 | 76 | 57 |
| 第7趟 | 8 | 13 | 19 | 21 | 25 | 36 | 38 | 47 | 57 | 48 | 49 | 60 | 76 | 88 |
| 第8趟 | 8 | 13 | 19 | 21 | 25 | 36 | 38 | 47 | 49 | 48 | 57 | 60 | 76 | 88 |
| 第9趟 | 8 | 13 | 19 | 21 | 25 | 36 | 38 | 47 | 48 | 49 | 57 | 60 | 76 | 88 |
| 第10趟 | 8 | 13 | 19 | 21 | 25 | 36 | 38 | 47 | 48 | 49 | 57 | 60 | 76 | 88 |

图 9-6  快速排序过程

一次划分将一个数据序列分成小于基准元素和大于基准元素的两个子序列，这两个子序列的长度情况将决定快速排序需要进行划分的趟数。在最好的情况下，这两个子序列的长度相等，那么划分操作需要进行 $\log_2 n$ 次，每次需要的关键字比较操作和数据元素移动操作最多是 n-1 次，故快速排序的时间复杂度为 O（$n\log_2 n$）。

在最坏的情况下，每次选择的基准元素都是序列中的最小值或者最大值，划分后只得到一个子序列，其长度只比原来的序列少 1。这样，划分操作需要进行 n-1 次，每次需要的关键字比较操作和数据元素移动操作最多是 n-1 次，在这种情况下，快速排序的时间复杂度为 O（$n^2$）。

快速排序需要的辅助空间为实现递归调用的递归栈，其深度在最好的情况下为 $\log_2$（n+1），在最坏的情况下为 n。故快速排序的空间复杂度在最好的情况下为 O（$\log_2 n$），在最坏的情况下为 O（n）。快速排序是不稳定的排序方法。

快速排序的算法描述如下。

```
void quickSort( int a[], int m, int n )
{
    int   i;
    if ( n > m)
    {
        i= partition( a, m, n);
        quickSort( a, m,  i-1 );
        quickSort( a, i+1, n );
    }

}
```

## 9.4  堆排序

6.3.4 小节详细介绍了堆的概念、堆的存储结构及堆的运算。本节介绍利用堆实现排序的运算。

对数据元素 $a_1 \sim a_n$ 做堆排序的过程如下。

初始时令 j=n：

（1）对于待排序序列 $a_1 \sim a_j$，利用建立堆的运算，建立一个大根堆。

（2）将堆顶元素和堆尾元素交换，j=j-1。

（3）将序列 $a_1 \sim a_j$ 重新调整为一个大根堆。

（4）重复步骤（2）和步骤（3），直到当前堆为空。

图 9-7 所示为堆排序的过程。建立初始大根堆后，堆顶元素就是序列中的最大值。堆排序每一趟都使序列中的一个元素被放到最终位置（图中用粗体表示），同时使当前堆中的元素减少 1 个。

| 原始序列 | 62 | 87 | 59 | 43 | 65 | 88 | 29 | 22 | 5 | 33 | 10 | 2 | 18 | 70 |
|---|---|---|---|---|---|---|---|---|---|---|---|---|---|---|
| 初始化大根堆 | 88 | 65 | 87 | 43 | 62 | 59 | 70 | 22 | 5 | 33 | 10 | 2 | 18 | 29 |
| 第 1 趟 | 87 | 65 | 70 | 43 | 62 | 59 | 29 | 22 | 5 | 33 | 10 | 2 | 18 | **88** |
| 第 2 趟 | 70 | 65 | 59 | 43 | 62 | 18 | 29 | 22 | 5 | 33 | 10 | 2 | **87** | **88** |
| 第 3 趟 | 65 | 62 | 59 | 43 | 33 | 18 | 29 | 22 | 5 | 2 | 10 | **70** | **87** | **88** |
| 第 4 趟 | 62 | 43 | 59 | 22 | 33 | 18 | 29 | 10 | 5 | 2 | **65** | **70** | **87** | **88** |
| 第 5 趟 | 59 | 43 | 29 | 22 | 33 | 18 | 2 | 10 | 5 | **62** | **65** | **70** | **87** | **88** |
| 第 6 趟 | 43 | 33 | 29 | 22 | 5 | 18 | 2 | 10 | **59** | **62** | **65** | **70** | **87** | **88** |
| 第 7 趟 | 33 | 22 | 29 | 10 | 5 | 18 | 2 | **43** | **59** | **62** | **65** | **70** | **87** | **88** |
| 第 8 趟 | 29 | 22 | 18 | 10 | 5 | 2 | **33** | **43** | **59** | **62** | **65** | **70** | **87** | **88** |
| 第 9 趟 | 22 | 10 | 18 | 2 | 5 | **29** | **33** | **43** | **59** | **62** | **65** | **70** | **87** | **88** |
| 第 10 趟 | 18 | 10 | 5 | 2 | **22** | **29** | **33** | **43** | **59** | **62** | **65** | **70** | **87** | **88** |
| 第 11 趟 | 10 | 2 | 5 | **18** | **22** | **29** | **33** | **43** | **59** | **62** | **65** | **70** | **87** | **88** |
| 第 12 趟 | 5 | 2 | **10** | **18** | **22** | **29** | **33** | **43** | **59** | **62** | **65** | **70** | **87** | **88** |
| 第 13 趟 | 2 | **5** | **10** | **18** | **22** | **29** | **33** | **43** | **59** | **62** | **65** | **70** | **87** | **88** |
| 第 14 趟 | **2** | **5** | **10** | **18** | **22** | **29** | **33** | **43** | **59** | **62** | **65** | **70** | **87** | **88** |

图 9-7　堆排序过程

堆排序的算法描述如下。

```
void createHeap( int a[], int n )
{
    int i, j, k, tmp;
    for( k = 1; k < n; k++ )
    {
        i = k;
        tmp = a[k];
        while (i!=0)
        {
            j =(i-1)/2;
            if ( tmp <= a[j] )
                break ;
            a[i] = a[j];
            i=j ;
        }
        a[i] = tmp;
    }
}
void siftDown ( int a[], int n, int i )
{
    int tmp = a[i];
    int j=2*i+1 ;
    while ( j <= n-1)
    {
        if ( j<n-1 && a[j] < a[j+1] )
            j++ ;
            if (tmp > a[j] )
                break ;
        a[i] = a[j];
```

```
                        i = j;
                        j =2*i+1 ;
                }
                a[i] = tmp;
        }
        void heapSort( int a[], int n )
        {
                createHeap( a, n );
                while( n > 0 )
                {
                        int tmp;
                        tmp = a[0];
                        a[0] = a[n-1];
                        a[n-1] = tmp;
                        siftDown( a, n-1, 0 );
                        n--;
                }
        }
```

一个具有 n 个数据元素的堆可以用一棵完全二叉树表示，当把堆顶元素和堆尾元素交换后，重新调整的比较和交换的次数只取决于完全二叉树的高度，其值为 $\log_2 n$。堆排序的总趟数为 n，每一趟都需要调整，故堆排序的时间复杂度为 O（$n\log_2 n$）。堆排序不需要额外的存储空间，其空间复杂度为 O（1）。堆排序是不稳定的排序算法。

## 9.5  归并排序

### 9.5.1  归并

归并是将两个或多个有序序列合并起来并得到一个新的有序序列。将两个有序序列合并成一个新的有序序列称为二路归并。二路归并最简单，其他归并可以二路归并为基础实现。这里介绍二路归并。

设有序序列 P 中有 m 个元素，即 $p_1 \sim p_m$，有序序列 Q 中有 n 个元素，即 $q_1 \sim q_n$。初始时设变量 i=1，j=1，k=1，将 P 和 Q 归并为一个有序序列 R 的过程如下。

（1）如果 $p_i < q_j$，则转到步骤（2），否则转到步骤（3）。

（2）$r_k = p_i$，k++，i++；转到步骤（4）。

（3）$r_k = q_j$，k++，j++；转到步骤（4）。

（4）重复上述过程直到 P 和 Q 的所有元素都合并到 R 中。

二路归并的算法描述如下。

```
void merge ( int a[], int low, int mid, int high )
{
        int i, j, k, m, *work;
        i=low, j=mid+1, k=0;
        m = high - low + 1;
        work = (int*)malloc(sizeof(int) * m);
        while ( i<=mid && j<= high )
        {
                if ( a[i] <= a[j] )
```

```
                    {
                        work[k] = a[i];
                        i++ ;
                    }
                    else
                    {
                        work[k] = a[j];
                        j++;
                    }
                    k++;
            }
            if ( i<= mid )// 处理第一个子表未归并元素
            {
                for ( j= i; j<=mid; j++ )
                {
                    work[k] = a[j];
                    k++;
                }
            }
            else if ( j<= high )// 处理第一个子表未归并元素
            {
                for (i=j; i<=high; i++ )
                {
                    work[k]= a[i];
                    k++;
                }
            }
            for (i=low; i<=high; i++ )
                a[i] = work[i-low];//把排序结果存储到1中
}
```

### 9.5.2 归并排序过程

对数据元素 $a_1 \sim a_n$ 进行归并排序，初始时设 k=1，过程如下。

（1）将序列看做 $\left\lceil \dfrac{n}{k} \right\rceil$ 个长度为 k 的有序子序列。

（2）从第 1 个开始，对 k 个有序子序列中相邻的两个子序列做二路归并。

（3）k=2×k。

（4）重复上述过程直到 k≥n。

图 9-8 给出了一个对具有 14 个数据元素的序列做归并排序的例子。首先，把该序列看做 14 个长度为 1 的有序子序列。其次，从第 1 个开始，对相邻的两个序列元素做二路归并，得到 7 个长度为 2 的有序序列。再次，继续对长度为 2 的子序列做二路归并，得到 4 个有序子序列，前面 3 个的长度为 4，最后一个长度为 2。继续做二路归并，得到两个有序子序列，第一个的长度为 8，第二个的长度为 6。最后，对这两个子序列做二路归并得到长度为 14 的有序序列。

| | 1 | [89] | [69] | [22] | [28] | [63] | [83] | [42] | [91] | [57] | [16] | [2] | [65] | [43] | [80] |
|---|---|---|---|---|---|---|---|---|---|---|---|---|---|---|---|
| 第1趟 | 2 | [69, 89] | | [22, 28] | | [63, 83] | | [42, 91] | | [16, 57] | | [2, 65] | | [43, 80] | |
| 第2趟 | 4 | [22, 28, 69, 89] | | | | [42, 63, 83, 91] | | | | [2, 16, 57, 65] | | | | [43, 80] | |
| 第3趟 | 8 | [22, 28, 42, 63, 69, 83, 89, 91] | | | | | | | | [2, 16, 43, 57, 65, 80] | | | | | |
| 第4趟 | 14 | [2, 16, 22, 28, 42, 43, 57, 63, 65, 69, 80, 83, 89, 91] | | | | | | | | | | | | | |

图 9-8　归并排序过程

归并排序的算法描述如下。

```
void mergeSort( int a[], int n )
{
    int s, t, low, high, mid, m=1;
    while ( m < n )
    {
        s =2*m;
        for (t =0; t < n; t = t+s)
        {
            low = t;
            high=t+s-1;
            mid=t+m-1;
            if ( high > n-1 )
                high = n-1;
            if ( high > mid )
                merge( a, low, mid, high);
        }
        m =s;
    }
}
```

在归并排序中，进行一趟归并需要的关键字比较次数和数据元素移到次数最多为 n，需要归并的趟数为 $\lceil \log_2 n \rceil$，故归并排序的时间复杂度为 $O(n\log_2 n)$。归并排序需要长度等于序列长度为 n 的辅助存储单元，故归并排序的空间复杂度为 $O(n)$。归并排序是稳定的排序算法。

## 9.6　基数排序

在有些情况下，数据记录的关键字 Key 可以分为 d 个组成部分，即 Key=（$k_1$, $k_2$, $\cdots$, $k_d$），这 d 个组成部分称为 Key 的子关键字。每一个组成部分 $k_i$ 有 $r_i$ 种不同的取值，称为 $k_i$ 的基数。例如，关键字是 8 位数字的电话号码，又如，则它包含 8 个组成部分，每个组成部分可能是 0～9 等，故每个组成部分的基数为 10。关键字是 2 个字母组成的国家域名，如中国的国家域名为 cn，英国的国家域名为 uk，则关键字包含 2 个组成部分，每个组成部分可能是 a～z 等，故其基数为 26。关键字中不同部分的基数可能不同，如果关键字为汽车车牌，并规定汽车车牌由 5 位构成，其中前两位为字母，后 3 位为数字，则关键字包含 5 个组成部分，$k_1$ 和 $k_2$ 的取值为 a～z 等，其基数为 26，$k_3$、$k_4$ 和 $k_5$ 的取值为 0～9 等，其基数为 10。

在这种情况下，可以通过 d 趟分配与收集完成对数据元素的排序，这种排序方法称为基数排序。基数排序有两种实现方法：最高位优先法（MSD）和最低位优先法（LSD）。最高位优先法和最低位优先法的思路相同，只是处理子关键字的顺序相反，这里只介绍最高位优先法。

最高位优先法的过程如下。

初始时，设 i=1，只有一个子序列，该子序列等于原序列。

（1）以关键字 $k_i$ 位为准，将各子序列分成 $r_i$ 个子序列，每个划分后的子序列中数据元素的子关键字 $k_i$ 相等。

（2）i=i+1。

（3）重复上述过程，直到 i 大于 d。

在上述划分过程中，将一个子序列划分为 $r_i$ 个子序列时，就是将原子序列中的数据元素分配到新的子序列中。当 d 趟分配过程结束后，将所有子序列中的数据元素收集起来即可得到一个有序的序列。因此基数排序是一个分配和收集的过程。

假设一个序列中的数据元素为 5 位车牌号，车牌号的前两位为字母，后 3 位为数字，该序列为{tz123，wx234，wy245，wy324，wy335，wy336}。对该序列进行基数排序的过程如图 9-9 所示。

第 1 趟以子关键字 $k_1$ 为准进行分配和收集，原序列被分为两个子序列，第 1 个子序列只有 1 个数据元素，第 2 个子序列有 5 个数据元素。

第 2 趟以子关键字 $k_2$ 为准进行分配和收集，现有 3 个子序列，第 1 个和第 2 个子序列只有 1 个数据元素，第 3 个子序列有 4 个数据元素。

第 3 趟以子关键字 $k_3$ 为准进行分配和收集，现有 4 个子序列，前 3 个子序列只有 1 个数据元素，第 4 个子序列有 3 个数据元素。

第 4 趟以子关键字 $k_4$ 为准进行分配和收集，现有 5 个子序列，前 4 个子序列只有 1 个数据元素，第 5 个子序列有 2 个数据元素。

第 4 趟以子关键字 $k_5$ 为准进行分配和收集，现有 6 个子序列，每个子序列只有 1 个数据元素。

| | | wy324 | wy336 | wy245 | tz123 | wy335 | wx234 |
|---|---|---|---|---|---|---|---|
| 第 1 趟 | $k_1$ | tz123 | wy324，wy336，wy245，wy335，wx234 | | | | |
| 第 2 趟 | $k_2$ | tz123 | wx234 | wy336，wy245，wy335，wx234 | | | |
| 第 3 趟 | $k_3$ | tz123 | wx234 | wy245 | wy336，wy335，wx234 | | |
| 第 4 趟 | $k_4$ | tz123 | wx234 | wy245 | wy324 | wy336，wy335 | |
| 第 5 趟 | $k_5$ | tz123 | wx234 | wy245 | wy324 | wy335 | wy336 |

图 9-9　基数排序过程

对于含有 d 个子关键字，每个关键字的基数为 $r_i$（$1 \leqslant i \leqslant d$）的 n 个数据元素的序列进行基数排序，进行 d 趟的分配与收集后，当关键字互不相同时，每个子序列中只有 1 个数据元素，最多能得到 n 个子序列。把这些子序列中的数据元素收集起来即可得到有序的序列。

基数排序的算法描述如下。

```
void msdSort( int a[], int left, int right, int d )
{
    int i, j, t1, t2 = left - 1, cnt[RADIX+1];
    int tmp[N];
```

```
        if( d < 0 )
            return;
        for( j = 0; j <= RADIX; j++ )
            cnt[j] = 0;
        for( i = left; i <= right; i++ )
            cnt[subkey(a[i], d)+1]++;
        for( j = 1; j < RADIX; j++ )
            cnt[j] += cnt[j-1];
        cnt[RADIX] = right-left+1;
        for( i = left; i <= right; i++ )
            tmp[cnt[subkey(a[i],d)]++] = a[i];
        for( i = left; i <= right; i++ )
            a[i] = tmp[i-left];
        for( j = 0; j <RADIX; j++ )
        {
            t1 = t2 + 1;
            t2 = cnt[j] - 1;
            msdSort( a, t1, t2, d-1 );
        }
    }
```

在算法 msdSort 中，函数 subkey 的功能是取关键字 k 的第 d 个子关键字，在 MSD 排序中，左边的子关键字的序号大于右边的子关键字序号。

对于不同类型的关键字，需要实现不同的subkey函数，这里以十进制数为例介绍subkey的如下实现。

```
int subkey( int k, int d )
{
    int i, t = 1;
    for( i = 1; i < d; i++ )
        t *= 10;
    k = k / t;
    k = k % 10;
    return k;
}
```

在最坏的情况下，在 d 趟分配中，基数排序要检查全部 n 个关键字，故基数排序的时间复杂度为 O（n×d）。基数排序需要辅助存储空间以保存子序列信息，其空间复杂度为 O（n）。基数排序是稳定的排序算法。

## 9.7  内部排序算法性能比较

内部排序算法的性能比较如表 9-1 所示。

表 9-1  内部排序算法性能比较

| 排序算法 | 时间复杂度 | | 空间复杂度 | 稳定性 |
|---|---|---|---|---|
| | 平均情况 | 最坏情况 | | |
| 选择排序 | O（$n^2$） | O（$n^2$） | O（1） | 不稳定 |
| 插入排序 | O（$n^2$） | O（$n^2$） | O（1） | 稳定 |
| 折半插入排序 | O（$n^2$） | O（$n^2$） | O（1） | 不稳定 |

| 排序算法 | 时间复杂度 | | 空间复杂度 | 稳定性 |
| --- | --- | --- | --- | --- |
| | 平均情况 | 最坏情况 | | |
| 希尔排序 | $O(n^{1.25})$ | $O(n^{1.25})$ | $O(1)$ | 不稳定 |
| 冒泡排序 | $O(n^2)$ | $O(n^2)$ | $O(1)$ | 稳定 |
| 快速排序 | $O(n\log_2 n)$ | $O(n^2)$ | $O(n\log_2 n)$ | 不稳定 |
| 堆排序 | $O(n\log_2 n)$ | $O(n\log_2 n)$ | $O(1)$ | 不稳定 |
| 归并排序 | $O(n\log_2 n)$ | $O(n\log_2 n)$ | $O(n)$ | 稳定 |
| 基数排序 | $O(n \times d)$ | $O(n \times d)$ | $O(n)$ | 稳定 |

快速排序的平均执行时间较少，但是在最坏情况下它的性能会发生退化，这时不如堆排序和归并排序效率高。当序列长度较短时，可采用较易实现的选择排序、插入排序或者冒泡排序。当序列长度较长时，宜采用快速排序、堆排序或者归并排序等。

## 9.8 外部排序

当待排序的序列中数据元素太多，无法把所有的数据元素存入内存时，只能将其存储在外部存储设备中，这种排序称为外部排序。

外部排序常使用归并排序，分两阶段完成。第一阶段：根据内存大小将序列分成若干段，每一段都能够存储在内存中，并使用内部排序方法在内存中完成排序，然后把排好序的段存储到外存中。这些排好序的段称为初始归并段。第二阶段：使用归并排序对这些初始归并段进行归并，逐趟扩大归并段的长度并减少归并段的数量，直到只剩下一个归并段为止。第二阶段在外存中完成。

## 习　　题

9.1　冒泡排序算法可以把大的元素向上移，也可以把小的元素向下移，编写算法，实现上浮和下沉过程交替的冒泡排序。

9.2　输入 50 个学生的记录（每个学生的记录包括学号和成绩），组成记录数组，然后按成绩由高到低的次序输出（每行 10 个记录）。排序方法采用选择排序。

9.3　在快速排序算法中，如何选取一个界值影响着快速排序的效率，而且界值也并不一定是被分类序列中的一个元素。例如，可以用被分类序列中所有元素的平均值作为界值。编写算法，实现以平均值为界值的快速排序方法。

9.4　借助于快速排序的算法思想，在一组无序的记录中查找给定关键字值等于 key 的记录。设此组记录存放于数组 r[l..h]中。若查找成功，则输出该记录在 r 数组中的位置及其值，否则显示"not find"信息。

9.5　设待排序的序列使用单链表作为存储结构，写出带头结点的单链表的选择排序算法。

# 附录 A　习题参考答案

## 第 1 章　绪　　论

1.1 （1）判断一个整数是否是素数。（2）O（n）。

1.2

```
      double fun(int a[], double x, int n)
{
  double s;
  int i;
  s=a[n];
  for(i=n-1;i>=0;i--)
      s=s*x+a[i];
  return(s);
}
```

时间复杂度为 O(n)。

1.3　4 次。

1.4　（1）n。（2）n+1。（3）n。（4）(n+4)(n-1)/2。（5）(n+2)(n-1)/2。（6）n-1。

1.5　（1）O(n)。（2）$O(n^2)$

1.6　m 的值等于 $\sum_{i=1}^{n}(n-2i+1)$，$O(n^2)$。

## 第 2 章　线　　性　　表

2.1

```
      void sqInsert(SeqList *L, DataType x)
{
int i=0, j ;
while( L->list[i] < x )
    i++;
for( j=L->len-1; j >= i; j-- )
      L->list[j+1] = L->list[j];
    L->list[i]=x;
  L->len++;
}
```

2.2

```
      void delList( LNode *h, DataType min, DataType max)
{
 LNode *p, *q;
   p = h->next;
while( p!=NULL && p->data<mink )
        p=p->next;
```

```
while( p!=NULL && p->data < maxk )
   {
      q=p->next;
      p->next=q->next;
      free(q);
      p=p->next;
   }
}
```

2.3

```
    LNode* mergeAB(LNode *ha, LNode *hb)
{
 LNode *pa, *pb, *q, *hc;
 pa = ha->next;
 pb = hb->next;
 hc = ha;
 hc->next=NULL;
 free( hb );
 while( pa != NULL && pb != NULL )
 {
      if( pa->data <= pb->data)
      {
          q = pa->next;
          pa->next = hc->next;
          hc->next=pa;
          pa = q;
      }
      else
      {
          q = pb->next;
          pb->next = hc->next;
          hc->next = pb;
          pb = q;

      }
 }
 while( pa != NULL )
 {
    q = pa->next;
    pa->next = hc->next;
    hc->next=pa;
    pa = q;
 }
 while( pb != NULL )
   {
      q = pb->next;
      pb->next = hc->next;
      hc->next = pb;
      pb = q;
 }
 return(Lc);
}
```

2.4

```
     void departList( LNode *h, LNode *ha, LNode *hb; LNode *hc )
{
 LNode *q, *t;
 q = h->next;
 while( q != NULL )
 {
     t=q;
     q=q->next;
     if(isAlpha(t->data))
     {
         t->next = ha->next;
         ha->next = t;
     }
     else if(isNum(t->data))
     {
         t->next = hb->next;
         hb->next = t;
     }
     else
     {
         t->next = hc->next;
         hc->next = t;
     }
 }
 free( h );
}
```

2.5

```
     LNode* combineAB( LNode *ha, LNode *hb )
{
 LNode *p,*q,*r;
 p=ha->next;q=hb->next;
 r=ha;
 while(p->next!=NULL && q->next!=NULL)
 {
     r->next=p;
     r=p;
     p=p->next;
     r->next=q;
     r=q;
     q=q->next;
 }
 if(p!=NULL) r->next=p;
 if(q!=NULL) r->next=q;
 free(hb);
 return ha;
}
```

2.6

```
     void count( LNode *h, int x )
{
 int cnt = 0;
```

```
    LNode *q = h->next;
    while( q != NULL )
    {
        if( q->data == x )
            h->data++;
        q = q->next;
    }
}
```

2.7
```
    void count( LNode *ha )
{
 LNode *p = h;
 LNode *q = p->next;
 while( q != NULL )
 {
     if( q->data % 2 == 1 )
     {
         p->next = q->next;
         p = p->next;
         q = p->next;
         free( q );
     }
     else
     {
         p = p->next;
         q = p->next;
     }
 }
}
```

2.8
```
    void invert( LNode *h )
{
 LNode *p = h->next, *q;
 h->next = NULL;
 while( p != NULL )
 {
     q = p;
     p = p->next;
     q->next = h->next;
     h->next = q;
 }
}
```

2.9
```
    void examAB( LNode *ha, LNode *hb )
{
 LNode *p1,*p2,*p;
 int m = 0, n = 0;
 p1 = ha->next;
 p2 = hb->next;
 ha->next = NULL;
 while( p1 != NULL && p2 != NULL )
```

```
{
    if( p1->data < p2->data )
    {
        p = p1;
        p1 = p1->next;
        m++;
        free( p );
    }
    else if( p1->data > p2->data )
    {
        p2 = p2->next;
    }
    else
    {
        p = p1;
        p1 = p1->next;
        p->next = ha->next;
        ha->next = p;
        p2 = p2->next;
        n++;
    }
}
while( p1 != NULL )
{
        p = p1;
        p1 = p1->next;
        m++;
        free( p );
}
printf( "相等的结点个数为%d\n", n );
printf( "ha中删除的结点个数为%d\n", m );
}
```

2.10

```
    void DInsert( DNode *hd )
{
DNode *s, *p;
s = hd;
  p = hd->next;
p->prior=hd->prior;
p->prior->next=p;
while( p->data < s->data )
    p=p->next;
s->next=p;
s->prior=p->prior;
p->prior->next=s;
p->prior=s;
}
```

# 第 3 章 栈 和 队 列

3.1　30 24 16 10 2 10

3.2

```
    typedef int DataType;//栈的数据类型，本节以整型为例
#define MaxSize 200
typedef struct
{
 DataType stack[MaxSize];     //栈空间
 int top[2];                  //top为两个栈顶指针
}DStack;
DStack s; //s是如上定义的结构类型变量,为全局变量
```

（1）入栈操作：

```
int push(int i,int x)
//入栈。i=0表示栈s1,i=1表示栈s2,x是入栈元素。入栈成功则返回1,否则返回0
{
 if(i<0||i>1)
 {
    printf( "栈号输入不对" );
    exit(0);
 }
 if( s.top[1] == s.top[0] + 1 )
 {
    printf("栈已满\n");
    return(0);
 }
 switch(i)
 {
 case 0: s.stack[++s.top[0]]=x; return(1); break;
 case 1: s.stack[--s.top[1]]=x; return(1);
 }
}
```

（2）出栈操作：

```
DataType pop(int i)
//出栈。i=0时为栈s1,i=1时为栈s2。出栈成功返回出栈元素,否则返回-1
{
 if(i<0 || i>1)
 {
    printf("栈号输入错误\n");
    exit(0);
 }
 switch(i)
 {
 case 0:
    if(s.top[0]==-1)
    {
        printf("栈空\n");
        return (-1);
    }
    else
        return( s.stack[s.top[0]--] );
```

```
    case 1:
        if(s.top[1]==maxsize )
        {
            printf("栈空\n");
            return(-1);
        }
        else
            return(s.stack[s.top[1]++]);
    }
}
```

3.3

```
    void stackInOut( SeqStack s )
{
int x, i;
for(i=1; i<=n; i++)
{
    scanf("%d",&x);      //从键盘读入整数序列
    if( x != -1 )
    {
        if( s.top == maxsize-1 )
        {
            printf("栈满\n");
            exit(0);
        }
        else s.stack[++s.top]=x; //x入栈
    }
    else
    {
        if( s.top == 0 )
        {
            printf("栈空\n");
            exit(0);
        }
        else
            printf("出栈元素是%d\n", s.stack[s.top--]);
    }
}
}
```

3.4

```
    int checkBracket(char E[],int n)
{
int i=0;                 //字符数组E的工作指针
SeqStack s;
s.top = 0;
s.stack[s.top] = '#';
while(E[i]!= '#')  //逐字符处理字符表达式的数组
{
    switch(E[i])
    {
    case'(':
        push( &s, '(' );
        i++;
        break ;
```

```
        case')':
            if( s.getTop() == '(' )
            {
                pop(&s);
                i++;
                break;
            }
            else
            {
                printf("括号不配对");
                exit(0);
            }
        case'#':
            if( s.getTop() == '#' )
            {
                printf("括号配对\n");
                return (1);
            }
            else
            {
                printf("括号不配对\n");
                return (0);
            } //括号不配对
        default:
            i++;       //读入其他字符,不做处理
        }
    }
}
```

3.5

```
    void enQueue ( LNode *rear, DataType x)
{
 LNode *t;
 t = (LNode*)malloc(sizeof(LNode)); //申请结点空间
 t->data = x;
 t->next = rear->next;              //将s结点链入队尾
 rear->next = t;
 rear = t;                          //rear指向新队尾
}
void deQueue ( LNode *rear )
{
 LNode *t;
 if(rear->next==rear)
 {
     printf("队空\n");
     exit(0);
 }
 t = rear->next->next;              //s指向队头元素
 rear->next->next = t->next;        //队头元素出队
 printf ("出队元素是", t->data);
 if (t==rear) rear = rear->next;    //空队列
 free(t);
}
```

3.6

```
        #define M  200
typedef int DataType;
typedef struct
{
 DataType data[M];
 int front,rear;
}CycQueue;
DataType delqueue ( CycQueue Q )
{
 if (Q.front==Q.rear)
  {
     printf("队列空");
     exit(0);
  }
 Q.rear = (Q.rear-1+M)%M;
 return(Q.data[(Q.rear+1+M)%M]);
}
void enqueue (CycQueue Q, DataType x)
{
 if( Q.rear == ( Q.front-1+M)%M )
  {
     printf("队满");
     exit(0);
  }
 Q.data[Q.front] = x;
 Q.front = (Q.front-1+M)%M;
}
```

3.7

```
    void invert( queue Q )
{
 makempty(S); //置空栈
 while (!isEmpty(Q))   //队列Q中的元素出队
  {
     data = deQueue(Q);
     push( S, data );
  }
 while(!isEmpty(S))
  {
     data = pop(S);
     enQueue( Q, data );
 }//将出栈元素入队列 Q
}
```

3.8

```
    int maxValue(int a[],int n)
{
 int max = 0;
 if (n==1)
     max =a[1];
 else if( a[n] > maxValue(a,n-1) )
     max = a[n];
 else
     max = maxValue(a,n-1);
```

```
      return max;
  }
```

3.9
```
      int gcd ( int m, int n )
{
  if(m<n)
      return(gcd(n,m));
  if(n==0)
      return(m);
  else
      return( gcd(n, m%n) );
}
int gcd (int m, int n )
{
  if (m<n)
  {
      t=m;
      m=n;
      n=t;
  }//若m<n，则m和n互换
  while(n!=0)
  {
      t=m;
      m=n;
      n=t%n;
  }
  return m;
}
```

3.10
```
      int dc ( LNode *h, int n )
{
  SeqStack s;
  int i=1;
  LNode *p = h->next;
  for(i=1; i<=n/2; i++)
  {
      push( &s, p->data );
      p = p->next;
  }
  i--;
  if(n%2==1)
      p=p->next;
  while( p != NULL && pop(&s) == p->data )
  {
      i--;
      p = p->next;
  }
  if( p == NULL )
      return 1;
  else
      return 0;
}
```

# 第 4 章 字 符 串

4.1 用联接、取子串、置换运算将串 S="(xyz)+*"转化为 T="(x+z)*y"。

```
C1=substr(S,3,1)="y"          C2=substr(S,6,1)="+"
C3=substr(S,7,1)="*"          C4=concat(C3,c11)="*y"
T=replace(S,3,1,C2)=replace(S,3,1,substr(S,6,1))="(x+z)+x"
T=replace(T,6,2,concat(C3,C1))=replace(T,6,2,concat(substr(S,7,1),su
bstr(S,3,1)))="(x+z)*y"。
```

只用取子串和联接操作进行的转换过程如下。

```
C1=concat(substr(S,1,2),substr(S,6,1))="(x+"
C2=concat(substr(S,7,1),substr(S,3,1))="*y"
T=concat(concat(concat(substr(S,1,2),substr(S,6,1)),substr(S,4,2)),co
ncat(substr(S,7,1),substr(S,3,1)))
```

4.2 串 S 的长度为 n，其中的字符各不相同，所以 S="(x+z)*y"中含 1 个字符的子串有 n 个，含 2 个字符的子串有 n-1 个……，含 n-2 个字符的子串有 3 个，含 n-1 个字符的子串有 2 个，共有非平凡子串的个数是 n(n+1)/2-1。

4.3 串 T 的 next 和 nextval 函数值如附表 A-1 所示。

表 A-1 串 T 的 next 和 nextval 函数值

| 下标 j | 1 | 2 | 3 | 4 | 5 | 6 | 7 | 8 | 9 | 10 | 11 |
|---|---|---|---|---|---|---|---|---|---|---|---|
| 串 T | a | b | c | a | a | c | c | b | a | c | a |
| next[j] | 0 | 1 | 1 | 1 | 2 | 2 | 1 | 1 | 1 | 2 | 1 |
| nextval[j] | 0 | 1 | 1 | 0 | 2 | 2 | 1 | 1 | 0 | 2 | 0 |

4.4

```
    void equalSubString( char *p )
{
  int l=1, k=0, j=0, i=0;
  while( p[i] != '!' )
  {
      while( p[i] != '!' && p[i] == p[i+1])
          i++;
      if(i-j+1>l)
      {
          l=i-j+1;
          k=j;
      }
      i++;
      j=i;
  }
  if( l <= 1 )
      printf( "无等值子串\n" );
  else
  {
      printf("最长等值子串为");
      for( i = k; i < l+k; i++ )
          printf( "%c", p[i] );
      printf( "\n" );
  }
```

}

4.5

```
    void insert(char *s, char *t, int pos)
{
  int sc = 0, tc = 0, i = 0;
  while( t[i++] != '\0' )
      tc++;
  i = 0;
  while( s[i++] != '\0' )
      sc++;
  for( i = sc; i >= pos; i-- )
      s[i+tc] = s[i];
  for( i = 0; i < tc; i++ )
      s[pos+i] = t[i];
}
```

4.6

```
    void del( char s[], char *t )
{
  int begin, i, lens = 0, lent = 0;
  i = 0;
  while( s[i++] != '\0' )
      lens++;
  i = 0;
  while( t[i++] != '\0' )
      lent++;
  while( (begin=match( s, t)) >= 0 )
  {
      for( i = begin+lent; i <= lens; i++ )
          s[i-lent] = s[i];
      lens -= lent;
  }
}
```

4.7

```
    void replace( char s[], char *t, char *r )
{
  int begin, i, lens = 0, lent = 0, lenr = 0;
  i = 0;
  while( s[i++] != '\0' )
      lens++;
  i = 0;
  while( t[i++] != '\0' )
      lent++;
  i = 0;
  while( r[i++] != '\0' )
      lenr++;
  while( (begin=match( s, t)) >= 0 )
  {
      if( lenr > lent )
      {
          for( i = lens; i >= begin+lent; i-- )
              s[i+lenr-lent] = s[i];
      }
      else if( lenr < lent )
```

```
          {
              for( i = begin+lent; i <= lens; i++ )
                  s[i+lenr-lent] = s[i];
          }
          for( i = begin; i < begin+lenr; i++ )
              s[i] = r[i-begin];
          lens += lenr-lent;
      }
  }
```

4.8
```
      void substring( char s[], long start, long count, char t[] )
  {
  long i,j,length=strlen(s);
  if ( start<1 || start>length )
      printf("The copy position is wrong");
  else if ( start+count-1 > length)
      printf("Too characters to be copied");
  else
  {
      for( i=start-1,j=0; i<start+count-1; i++,j++)
          t[j]=s[i];
      t[j]= '\0';
  }
  }
```

# 第 5 章　数组和广义表

5.1
```
      int insert(int s[], DataType D[], DataType x, int i, int m)
  {
  int j;
  if( i<1 || i>n )
  {
      printf("参数错误");
      exit(0);
  }
  if(i==n)
      D[m]=x;
  else
  {
      for(j=m-1; j>=s[i+1]; j--)
          D[j+1]=D[j];
      D[s[i+1]]=x;
      for(j=i+1; j<=n; j++)
          s[j]++;
  }
  return m+1;
  }
```

5.2
```
      void Translation(float *matrix, int n)
  {
  int i,j,k,l;
```

```
    float sum, min;
    float *p, *pi, *pk;
    p = (float*)malloc(n*sizeof(float));
    pi = (float*)malloc(n*sizeof(float));
    pk = (float*)malloc(n*sizeof(float));
    for(i=0; i<n; i++)
    {
        sum=0.0;
        pk=matrix+i*n;
        for (j=0; j<n; j++)
        {
            sum+=*(pk);
            pk++;
        }
        *(p+i)=sum;  //将一行元素之和存入到一维数组中
    }
    for(i=0; i<n-1; i++)      //用选择法对数组p进行排序
    {
        min=*(p+i);
        k=i;      //初始化时设第i行元素之和最小
        for(j=i+1;j<n;j++)
        {
            if(p[j]<min)
            {
                k=j;
                min=p[j];
            }  //记录新的最小值及行号
        }
        if(i!=k)//若最小行不是当前行,则需要进行交换(行元素及行元素之和)
        {
            pk=matrix+n*k;     //pk指向第k行第1个元素
            pi=matrix+n*i;     //pi指向第i行第1个元素
            for(j=0;j<n;j++) //交换两行中对应的元素
            {
                sum=*(pk+j);
                *(pk+j)=*(pi+j);
                *(pi+j)=sum;
            }
            sum=p[i];
            p[i]=p[k];
            p[k]=sum;   //交换一维数组中元素之和
        }
    }
}
```

5.3

```
    #define N 5
void main()
{
 int a[N] = {2,1,4,3,5};
 int i, j, c, flag[N], sum, found;
 for( i = N-1; i >= 0; i--)
 {
     c = 0;
```

```
            for( j = 0; j < i; j++ )
                if( a[j] < a[i] )
                    c++;
                a[i] = c;
        }
    for( i = 0; i <= N-1; i++ )
        flag[i] = 1;

    for( i = N -1; i >= 0; i-- )
    {
        sum = 0;
        j = 0;
        found = 0;
        while( j < N && !found )
        {
            sum += flag[j];
            if( sum == a[i] + 1 )
            {
                flag[j] = 0;
                found = 1;
            }
            else
                j++;
        }
        a[i] = j+1;
    }
    for( i = 0; i < N; i++ )
        printf( "%d ", a[i] );
}
```

5.4
```
        int m=10, n=10;
    void saddle(int A[m][n])
    {
    int max[n]={0}, //max数组存放各列最大值元素的行号,初始化为行号0
        min[m]={0}, //min数组存放各行最小值元素的列号,初始化为列号0
        i, j;
    for(i=0;i<m;i++) //选择各行最小值元素和各列最大值元素
        for(j=0;j<n;j++)
        {
            if(A[max[j]][j]<A[i][j])
                max[j]=i;  //修改第j列最大元素的行号
            if(A[i][min[i]]>A[i][j])
                min[i]=j;  //修改第i行最小元素的列号
        }
        for (i=0;i<m;i++)
        {
            j=min[i];             //第i行最小元素的列号
            if(i==max[j])
                printf("A[%d][%d]是马鞍点,元素值是%d",i,j,A[i][j]);
        }
    }
```

5.5
```
    void platform (int b[], int n)
```

```
    {
     int l=1, k=0, j=0, i=0;
     while(i<n-1)
     {
         while(i<n-1 && b[i]==b[i+1])
             i++;
         if(i-j+1>l)
         {
             l=i-j+1;
             k=j;
         }    //局部最长平台
         i++;
         j=i;
     }                        //新平台起点
     printf("最长平台长度%d,在b数组中起始下标为%d", l,k);
    }
```

5.6

```
        int judgEqual(ing a[m][n],int m,n)
    {
     for(i=0;i<m;i++)
         for(j=0;j<n-1;j++)
         {
             for(p=j+1;p<n;p++)  //和同行其他元素比较
             {
                 if(a[i][j]==a[i][p])
                 {
                     printf("no");
                     return(0);
                 }
             }
             //只要有一个相同的,结论就不是互不相同
             for(k=i+1;k<m;k++)   //和第i+1行及以后的元素比较
                 for(p=0;p<n;p++)
                     if(a[i][j]==a[k][p])
                     {
                         printf("no");
                         return(0);
                     }
         }// for(j=0;j<n-1;j++)
         printf(yes");
             return(1);   //元素互不相同
    }
```

5.7

```
        #define N 3
    void powerset( char a[], char s[], int n )
    {
     int i, j;
     for( i = 0; i < n; i++ )
         printf( "%c", s[i] );
     printf( "\n" );
     for( i = 0; i < N; i++ )
     {
         for( j = 0; j < n; j++ )
```

```
            if( s[j] == a[i] )
                break;
        if( j >= n )
        {
            s[n] = a[i];
            powerset( a, s, n+1 );
        }
    }
}
```

5.8

```
    typedef struct node
{
 int tag;                   //tag=0为原子,tag=1为子表
 struct node *link;         //指向后继结点的指针
 union {
     struct node *slink;//指向子表的指针
     char data;             //原子
 }element;
}Glist;
Glist *create()
//建立广义表的存储结构
{
 char ch; Glist *gh;
 scanf("%c",&ch);
 if(ch=='')
     gh=null;
 else
 {
     gh=(Glist*)malloc(sizeof(Glist));
     if(ch=='(')
     {
         gh->tag=1; //子表
         gh->element.slink=creat();
     } //递归构造子表
     else
     {
         gh->tag=0;gh->element.data=ch;
     } //原子结点
 }
 scanf("%c",&ch);
 if(gh!=null)
 {
     if(ch==',')
         gh->link=creat();   //递归构造后续广义表
 }
 else
     gh->link=null;
 return(gh);
}
```

5.9

```
    typedef struct
{
 GList *link;
```

```
    int tag;
    char data;
    GList *sublist;
}GList;
int number( GList *p )
{
 int n = 0, m = 0;
 if( p != NULL )
 {
     if( p->tag == 0 )
         n = 1;
     else
         m = number( p->sublist );
     n = n+m;
     m = number( p->link );
     n = n + m;
 }
 return n;
}
```

5.10

```
    int count( GList *p )
{
 int cn = 0, cm = 0;
 if( p != NULL )
 {
     if( p->tag == 0 )
         cn = p->data;
     else
         cm = count( p->sublist );
     cn = cn+cm;
     cm = count( p->link );
     cn = cn + cm;
 }
 return cn;
}
```

5.11

```
    void insert( int a[], int m, int b[], int n )
{
 int i, t;
 while( a[m-1] > b[0] )
 {
     t = a[m-1];
     i = m - 2;
     while( i >= 0 && a[i] > b[0] )
     {
         a[i+1] = a[i];
         i--;
     }
     a[i+1] = b[0];
     i = 1;
     while( i < n && b[i] < t )
     {
         b[i-1] = b[i];
```

```
            i++;
        }
        b[i-1] = t;
    }
}
```

# 第6章  树和二叉树

6.1  （1）哈夫曼树如图 A-1 所示。

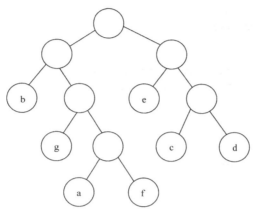

图 A-1  哈夫曼树

（2）字符 a、b、c、d、e、f、g 的路径长度分别是 4、2、3、3、2、4、3。该哈夫曼树的带权路径长度为 4×3+35×2+13×3+15×3+20×2+5×4+9×3=253。

6.2
```
    void traverse( BTNode *root )
{
  if( root == NULL )
  {
      return;
  }
  travers( root->right );
  printf( "%d ", root->data );
  traverse( root->left );
}
```

6.3
```
    int num( BTNode *t,int i,int *m)
{
  if(t==NULL)
      return(0);
  if(*m<i)
      *m=i;
  return(1+num(t->Lchild,2*i,m)+num(t->Rchild,2*i+1,m));
}
int checkTree( BTNode *root)
{
  int maxn=0;
  n=num( root,1,&maxn);
```

```
    if(n==maxn)
        printf( "是完全二叉树" );
    else
        printf( "不是完全二叉树" );
}
```

6.4
```
      void countLeaf( BTNode root,int *LeafNum )
{
 if( root != NULL )
 {
     if( root->LChild == NULL && root->RChild == NULL )
         *LeafNum++;
     else
     {
         CountLeaf( root->lchild, LeafNum );
         CountLeaf( root->rchild, LeafNum );
     }
 }
}
```

6.5
```
      typedef struct node
{
 DataType  data;
 float val;
 char optr;   //只取'+'、'-'、'*'、'/'
 struct node *lchild, *rchild ;
}BTNode;
float postEval( BTNode *bt )
{
 float lv,rv;
 float value = bt->data;
 if( bt->lchild !=NULL && bt->rchild !=NULL )
 {
     lv=PostEval(bt->lchild); // 求左子树表示的子表达式的值
     rv=PostEval(bt->rchild); // 求右子树表示的子表达式的值
     switch(bt->optr)
     {
     case'+': value=lv+rv; break;
     case'-': value=lv-rv;break;
     case'*': value=lv*rv;break;
     case'/': value=lv/rv;
     }
 }
 return(value);
}
```

6.6
```
      int precede(char optr1, char optr2)
/*比较运算符级别高低,optr1级别高于optr2时返回1,相等时返回0,低于optr2时返回-1*/
{
 switch(optr1)
 {
 case'+':
 case'-':
```

```
            if(optr2=='+'||optr2=='-')
                return(0);
            else
                return(-1);
      case'*':
      case'/':
            if(optr1=='*'||optr2=='/')
                return(0);
            else
                return(1);
   }
}
void inorderExp ( BTNode bt )
{
 int bracket;
 if( bt!= NULL )
   {
      if( bt->LChild != NULL)
      {
          bracket=precede(bt->data,bt->LChild->data);
          /*比较双亲与左孩子运算符的优先级*/
          if(bracket==1)
              printf('(');
          InorderExp(bt->lchild);       //输出左孩子表示的算术表达式
          if(bracket==1)printf(')');  //加上右括号
      }
      printf(bt->data);          //输出根结点
      if(bt->RChild != NULL) //输出右孩子表示的算术表达式
      {
          bracket=precede(bt->data,bt->rchild->data);
          if ( bracket==1 )
              printf("(");  //右孩子级别低,加括号
          InorderExp (bt->rchild);
          if( bracket==1 )
              printf(")");
      }
   }
}
```

6.7
```
      BTNode * create( DataType A[],int i )
//n个结点的完全二叉树存储到一维数组A中
{
 BTNode *tree;
 if (i<=n)
   {
      tree=(BTNode *)malloc(sizeof(BTNode));
      tree->data=A[i];
      if(2*i>n)
          tree->lchild=null;
      else
          tree->lchild = create(A,2*i);
      if(2*i+1>n)
          tree->rchild=null;
```

```
        else tree->rchild = create(A,2*i+1);
    }
    return (tree);
}
```

6.8
```
        int width( BTNode *bt )//求二叉树bt的最大宽度
{
  BTNode * Q[];
  //front为队头指针,rear为队尾指针,last为同层最右结点在队列中的位置
  int front=1, rear=1, last=1, temp=0, maxw=0;
  if ( bt == NULL )
      return (0);   //空二叉树宽度为0
  else
  {//temp记录局部宽度, maxw记录最大宽度
      Q[rear]=bt;              //根结点入队列
      while(front<=last)
      {
          p=Q[front++];
          temp++; //同层元素数加1
          if (p->LChild!=null)
              Q[++rear]=p->LChild;   //左孩子入队
          if (p->RChild != null)
              Q[++rear] = p->RChild;   //右孩子入队
          if (front>last)        //一层结束
          {
              last=rear;
              if(temp>maxw)
                  maxw=temp;//last指向下层最右元素,更新当前最大宽度
              temp=0;
          }//if
      }//while
      return (maxw);
  }
}
```

6.9
```
        int Depth(PTree *tree)      //求以双亲表示法为存储结构的树的深度
{
  int i, maxdepth=0;
  for(i=0; i<tree->n; i++)
  {
      temp=0;
      f=i;
      while( f >= 0 )
      {
          temp++;
          f=t->nodes[f].parent;
      }    //深度加1,并取新的双亲
      if(temp>maxdepth)
          maxdepth=temp; //最大深度更新
  }
  return(maxdepth);//返回树的深度
}
```

6.10

```
            int Height(CSTreeNode *bt) //递归求以孩子兄弟链表表示的树的深度
    {
     int hc,hs;
     if ( bt== NULL )
         return (0);
     else if (!bt->firstchild)
         return (1+height(bt->nextsibling));//孩子空,查兄弟的深度
     else
     {
         hc=height(bt->firstchild); //第一孩子树高
         hs=height(bt->nextsibling);//兄弟树高
         if(hc+1>hs)
             return(hc+1);
         else
             return (hs);
     }
    }
    int height(CSTreeNode *t)
    {
     int front=1, rear=1, last=1, h=0;
     CSTreeNode* Q[MaxNode];
     if(t==null)
         return(0);
     else
     {
         Q[rear]=t;              //Q是以树中结点为元素的队列
         while(front<=last)
         {
             t=Q[front++];        //队头出列
             while( t != NULL )//层次遍历
             {
                 if (t->firstchild)
                     Q[++rear]=t->firstchild; //第一子女入队
                 t=t->nextsibling; //同层兄弟指针后移
             }
             if(front>last)         //本层结束,深度加1（初始深度为0）
             {
                 h++;last=rear;
             } //last移到指向当前层的最右一个结点
         }//while(front<=last)
     }//else
    }
```

6.11

```
        #define MaxNode 200
    typedef struct
    {
     BTNode *t;
     int tag;
    }stack;//tag=0表示左孩子被访问,tag=1表示右孩子被访问
    void Search( BTNode bt, DataType x )
    {
```

```
        stack s[MaxNode];   //栈容量足够大
        int top=0;
        while( bt != NULL || top>0 )
        {
            while( bt != NULL && bt->data!=x)  //结点入栈
            {
                s[++top].t=bt;
                s[top].tag=0;
                bt = bt->LChild;
            } //沿左分支向下
            if(bt->data==x)
            {
                printf("所查结点的所有祖先结点的值为:\n");    //找到x
                for(i=1;i<=top;i++)
                    printf(s[i].t->data);
                return;
            } //输出祖先值后结束
            while(top!=0 && s[top].tag==1)
                top--;                  //退栈（空遍历）
            if(top!=0)
            {
                s[top].tag=1;
                bt = s[top].t->RChild;
            } //沿右分支向下遍历
        }// while(bt!=null||top>0)
```

因为查找的过程就是后序遍历的过程，使用的栈的深度不超过树的深度，所以算法复杂度为 O(logn)。

6.12

```
        int leaves ( CSTree *t )//计算以孩子兄弟表示法存储的森林的叶子数
    {
    if( t != NULL )
    {
        if( t->fch == NULL )//若结点无孩子,则该结点一定是叶子结构
            return( 1+leaves(t->nextsibling) );
        else
            return ( leaves(t->firstchild) + leaves(t->nextsibling));
    }
    }
```

# 第 7 章　图

7.1

```
        Graph * create( )
    {
    int n, e, i, j, beg, end;//图的顶点和边数
    Graph *g;
    scanf( "%d", &n );
    scanf( "%d", &e );
    g = initGraph( n, 1 );
    for(i=0; i<n; i++)
        for(j=0; j<n; j++)
```

```
                g->adjMatrix[i][j]=0;//初始化矩阵
     for(i=1;i<=e;i++)
     {
         scanf( "%d%d", &beg, &end);//输入弧的始点和终点
         g->adjMatrix[beg][end]=1;
     }
         return g;
}
```

7.2
```
        Graph* insertVex( Graph* g )//在邻接矩阵表示的图G上插入顶点v,返回插入后
的图
     {
     int n, i, j;
     n = g->vCnt + 1;
     Graph* ng;
     ng = initGraph( n, g->type );
     for( i = 0; i < n-1; i++ )
         for( j = 0; j < n-1; j++)
             ng->adjMatrix[i][j] = g->adjMatrix[i][j];
     return ng;
     }
```

7.3
```
        Graph* creatAdjList( )//建立有向图的邻接表存储结构
     {
     int n1, v1, v2;
     GNode *tmp;
     Graph *g;
     scanf("%d",&n1);
     g = initGraph( n1, 1 );
     scanf( "%d%d", &v1,&v2);
         while( v1>=0 && v2>=0 )//题目要求两顶点之一为负时结束
     {
         tmp = (GNode*)malloc( sizeof(GNode) );
         tmp->v = v2;
         tmp->next = g->lists[v1].next;
         g->lists[v1].next = tmp;
         scanf( "%d%d", &v1,&v2);
     }
     return g;
     }
```

7.4
```
        int visited[]=0;
     int dfs( Graph *g, int vi )
     //以邻接表为存储结构的有向图g,判断顶点vi到vj是否有通路,有返回1,无返回0
     {
     int j;
     GNode *p;
     visited[vi]=1;   //visited是访问数组,设顶点的信息是顶点编号
         p = g->lists[vi].next;  //第一个邻接点
         while ( p != NULL )
     {
         j = p->v;
```

```
            if ( vj==j )
            {
                flag=1;
                return 1;
            } //vi 和 vj之间有通路
            if( visited[j]==0 )
                dfs(g,j);
            p = p->next;
    }//while
    if ( !flag )
        return 0;
}
```

7.5

```
    #define n  3//用户定义的顶点数
int  num=0, visited[n];   //num记录访问顶点个数,访问数组visited初始化
Graph *g; //用邻接表作为存储结构的有向图g
int start;//起始顶点
void dfs( int v )
{
 GNode *p;
 visited [v]=1;
 num++; //访问的顶点数+1
 if (num==n)
 {
        printf( "%d是有向图的根。\n", start );
        num=0;
 }//if
 p = g->lists[v].next;
 while ( p != NULL )
 {
        if ( visited[p->v]==0 )
            dfs(p->v);
        p = p->next;
 }
}
void  JudgeRoot()
//判断有向图是否有根,有根则输出该根
{
 int i, j;
 for (i=0; i<n; i++ )  //从每个顶点出发,调用dfs()各一次
 {
        num=0;
        for( j = 0; j < n; j++ )
            visited[j]=0;
        start = i;
        dfs(i);
 }
}
```

7.6

```
    #define N 10//图中顶点的个数
int visited[N];
void dfs( Graph *g, int v )
{
```

```
        visited[v]=1;
        printf ( "%3d",v); //输出连通分量的顶点
        p=g->lists[v].next;
        while (p != NULL )
        {
            if(visited[p->v]==0)
                dfs(p->adjvex);
            p=p->next;
        }//while
}
void  Count( Graph *g )
//求图中连通分量的个数
{
    int k=0;
    for (i=1;i<=n;i++ )
        if (visited[i]==0)
        {
            printf ("\n第%d个连通分量:\n",++k);
            dfs( g, i );
        }//if
}
```

7.7

```
        #define N 10
    int visited[N];
    void bfs_K ( graph *g ,int v0, int K )
    //输出无向连通图g（未指定存储结构)中距顶点v0最短路径长度为K的顶点
    {
        int Q[N]; //Q为顶点队列,容量足够大
        int f=0,r=0,t=0; //f和r分别为队头和队尾指针,t指向当前层的最后顶点
        int level=0,flag=0;   //层数和访问成功标记
        int v, w;
        GNode *p;
        visited[v0]=1; //设v0为根
        Q[++r]=v0; t=r; level=1; //v0入队
        while ( f<r && level<=K+1 )
        {
            v=Q[++f];
            p = g->lists[v].next;
            w = p->v;
            while (w!=0)   //w!=0 表示邻接点存在
            {
                if (visited[w]==0)
                {
                    Q[++r]=w;
                    visited[w]=1;//邻接点入队列
                    if (level==K+1)
                    {
                        printf("距顶点v0最短路径为k的顶点%d ",w);
                        flag=1;
                    }//if
                }//if
                 p = g->lists[v].next;
                w = p->v;
```

```
            }//while(w!=0)
            if (f==t)
            {
                level++;
                t=r;
            }//当前层处理完,修改层数,t指向下一层的最后一个顶点
    }
    if (flag==0) printf( "图中无距v0顶点最短路径为%d的顶点.\n",K);
}
```

7.8

```
        void  floyedPxd( Graph *g )
//对以带权邻接矩阵表示的有向图g,求其中心点
{
    int[M][N] w=g ;          //将带权邻接矩阵复制到w
    for (k=1;k<=n;k++)  //求每对顶点间的最短路径
        for (i=1;i<=n;i++)
            for (j=1;j<=n;j++)
                if ( g->adjMatrix[i][j] > g->adj[i][k] + g->adj[k][j] )
                    g->adjMatrix[i][j] = g->adjMatrix[i][k] +
g->adjMatrix[k][j];
        v=1;
        dist=MAXINT;    //中心点初值顶点v为1,偏心度初值为机器最大数
        for ( j=0; j < g->vCnt; j++)
        {
            s=0;
            for ( i=0; i < g->vCnt; i++)
                if( w[i][j] > s )
                    s=w[i][j]; //求每列中的最大值为该顶点的偏心度
                if( s < dist )
                {
                    dist=s;
                    v=j;
                }//各偏心度中最小值为中心点
        }//for
        printf( "有向图g的中心点是顶点%d,偏心度%d\n",v,dist);
}
```

# 第8章 查　　找

8.1

```
        int judgeBST( BTNode *t)//判断二叉树是否为二叉排序树,是返回0,否返回-1
{
    int flag = 1;
        if( t != NULL && flag == 1 )
        {
            Judgebst( t->LChild, flag );//中序遍历左子树
            if(pre==null)
                pre=t;//中序遍历的第一个结点不必判断
            else  if(pre->data<t->data)
                pre=t;//前驱指针指向当前结点
            else
            {
```

```
                flag = 0
                return flag;
        }   //不是完全二叉树
        Judgebst (t->RChild, flag);//中序遍历右子树
    }
    return flag;
}
```

8.2
```
        typedef int DataType;
typedef struct node
{
 DataType  data;
 int  count;
 struct  node * llink,*rlink;
}BTNode;
void Search_InsertX(BTNode* t, DataType X)
{
 BTNode *f, *p;
 p=t;
 while(p!=NULL && p->data!=X)   //查找值为x的结点,f指向当前结点的双亲结点
 {
    f=p;
    if(p->data<X)
        p=p->rlink;
    else
        p=p->llink;
 }
 if( p == NULL ) //若无值为x的结点,则插入之
 {
    p=(BTNode *)malloc(sizeof(BTNode));
    p->data=X;
    p->llink=NULL;
    p->rlink=NULL;
    if(f->data>X)
        f->llink=p;
    else
        f->rlink=p;
 }
 else  p->count++;// 查询成功,值域为x的结点的count增加1
}
```

8.3
```
    int height(BTNode *t)
//求平衡二叉树t的高度
{
 int level=0;
 BTNode *p=t;
 while( p != NULL )
 {
    level++; //树的高度增1
    if( p->bf < 0 )
        p=p->rchild;//bf=-1 沿右分支向下
    else
        p=p->lchild;         //bf>=0 沿左分支向下
```

```
            }//while
         return (level);//平衡二叉树的高度
      }
```

8.4

```
         BSTNode *pre = NULL;
     void BSTPrint( BTNode *t, int *count )
     //递增输出二叉排序树中结点的值,滤去重复元素
     {
      if( t != NULL )
      {
         BSTPrint(t->lchild); //中序遍历左子树
         if( pre==NULL )
         {
             printf("%4d",t->key);
             pre=t; //pre是当前访问结点的前驱,调用本算法时初值为null
         }
         else if(pre->key==t->key)
             *count++;//*count表示重复元素,调用本算法时初值为0
         else
         {
             printf("%4d",t->key);
             pre = t;
         } // 前驱后移
         BSTPrint(t->rchild); //中序遍历右子树
      }//if
     }
```

8.5

```
         int Rank( BTNode *T, BTNode *x)
     //在二叉排序树T上,求结点x的中序序号
     {
      if(T->LChild)
         r=T->LChild->size+1;
      else
         r=1;//根结点的中序序号
      while( T != NULL )
         if(T->key>x->key)//在左子树中查找
         {
             T=T->LChild;
             if( T != NULL )
             {
                 if( T->RChild != NULL )
                     r=r-T->RChild->size-1;
                 else
                     r=r-1;
             }
         }
         else if( T->key < x->key )//在右子树中查找
         {
             T = T->RChild;
             if( T != NULL )
             {
                 if( T->LChild != NULL )
                     r = r+T->LChild->size+1;
```

```
                        else
                              r=r+1;
                  }
            }
            else
                return  (r);//返回*x结点的中序序号
      return  (0);    //T树上无x结点
  }
```

8.6
```
      int hash( char *s )
  {
  if( s != NULL )
      return s[0]-96;//求关键字第一个字母的字母序号(小写)
  else
      return 0;
  }
void print_Hash( HashTable H )
  {
  for(i=1; i<=26; i++)
  {
      for(j=i; H.elem[j].key; j=(j+1)%hashsize )//线性探测
          if( hash(H.elem[j].key)==i )
              printf("%s\n",H.elem[j]);
          else
              break;
  }
  }
```

8.7
```
      void Hash( HashTable H,int row,int col, DataType key, int *k)
  {
  int h=2*(100*(row/10)+col/10);
  while( H.elem[h] && H.elem[h] != key )
      h=(h+1)%20000;
  if( H.elem[h] == key )
      *k=h;
  }
```

8.8
```
      typedef int keytype;
typedef struct node
  {
  keytype key;
  struct node *next;
}HSNode,*HSList;
void Delete(HSNode* HT[],keytype K)
//用链地址法解决冲突,从哈希表中删除关键字为K的记录
  {
  int i;
  i=hash(K);//用哈希函数确定关键字K的哈希地址
  if( HT[i]== NULL )
  {
      printf("无被删除记录\n");
      exit(0);
```

```
    }
    HLK p,q; p=HT[i];q=p;     //p指向当前记录(关键字),q是p的前驱
    while( p !=NULL  && p->key != K)
    {
        q=p;
        p=p->next;
    }
    if(p== NULL)
    {
        printf("无被删除记录");
        exit(0);
    }
    if(q==HT[i]) //被删除关键字是链表中的第一个结点
    {
        HT[i]=HT[i]->next;
        free(p);
    }
    else
    {
        q->next=p->next;
        free(p);
    }
}
```

8.9
```
        void HsDelete(rectype HS[], int K)//删除关键字K
{
    i=K % P; //以除余法计算关键字K的散列地址
    if(HS[i]==null)
    {
        printf("散列表中无被删除关键字");
        exit(0);
    }
    //此处的null代表散列表初始化时的空值
    if (HS[i]==K)
        del(HS,i,i,K);
    else if(HS[i]!=K)
    {
        di=1;j=(i+ di)%m; // m为表长
        while(HS[j]!=null && HS[j]!=K && j!=i)//查找关键字K
        {
            di=di+1;
            j=(i+di)%m;
        }// m为表长
        if(HS[j]==K)
            del(HS,i,j,K);
        else {
            printf("散列表中无被删关键字");
            exit(0);
        }
    }
}
void  del(rectype HS[], int i,int  j, rectype K)
{
```

```
        di=1;
        last=j;
        x=(j+di)% m;//探测地址序列,last表示K的最后一个同义词的位置
        while(x!=i)   //可能要探测一周
        {
            if(HS[x]==null)
                break;       //探测到空位置,结束探测
            else  if(HS[x]%P==i)
                last=x;//关键字K的同义词
            di=di+1;
            x=(j+di) % m;                //取下一地址探测
        }
        HS[j]=HS[last];
        HS[last] = NULL;   //将哈希地址last的关键字移动到哈希地址j中
}
```

8.10

```
      typedef int keytype;
typedef struct node
{
 keytype key;
 struct node *next;
}HSNode,*HSList;
void Insert(HSNode* HT[],keytype k)//用链接表解决冲突的哈希表插入函数
{
 int i = hash(k);// 计算关键字K的哈希地址
 HSNode *s, *p;
 if( HT[i] == NULL )// 关键字K所在链表为空
 {
     s=(HSNode *)malloc(sizeof (HSNode));
     s->key=k;
     s->next=HT[i];
     HT[i]=s;
 }
 else   //在链表中查询关键字K
 {
     p=HT[i];
     while( p != NULL && p->key != k )
         p= p->next;
     if( !p )//链表中无关键字K,则插入K
     {
         s=(HSNode *)malloc(sizeof (HSNode));
         s->key=k;
         s->next = HT[i];
         HT[i]=s;
     }//插入后成为哈希地址为i的链表中的第一个结点
 }
}
```

# 第9章  排    序

9.1

```
      void bubbleSort2(int a[],int n)
```

```
{
    int change=1, low=0, high=n-1, t;  //冒泡的上下界
    while( low<high && change == 1)
    {
        change=0;                      //设不发生交换
        for( i=low; i<high; i++)          //从上向下冒泡
            if(a[i]>a[i+1])
            {
                t = a[i];
                a[i] = a[i+1];
                a[i+1] = t;
                change=1;
            } //若有交换,则修改标志change
        high--;  //修改上界
        for( i=high; i>low; i--)  //从下向上冒泡
            if(a[i] < a[i-1])
            {
                t = a[i];
                a[i] = a[i-1];
                a[i-1] = t;
                change=1;
            }
        low++;  //修改下界
    }//while
}
```

9.2

```
    typedef struct
{
    int num;
    float score;
}RecType;
void SelectSort(RecType R[51], int n)
{
    int i, j, k;
    RecType t;
    for(i=1; i<n; i++)
    { //选择第i大的记录,并交换到位
        k=i; //假定第i个元素的关键字最大
        for(j=i+1;j<=n;j++)          //找到最大元素的下标
            if(R[j].score>R[k].score)
                k=j;
        if(i!=k)
        {
            t = R[i];
            R[i] = R[k];
            R[k] = t;
        }
    }//for
    for(i=1; i<=n; i++)  //输出成绩
    {
        printf("%d,%f",R[i].num,R[i].score);
        if(i%10==0)
            printf("\n");
```

9.3

```
      int partition(int r[],int l, int h)
{
 int i=l,j=h;
 double avg=0;
 for(;i<=h;i++)
     avg+=r[i];
 i=l;
 avg=avg/(h-l+1);
 int t = r[i];
 while (i<j)
 {
     while (i<j && r[j]>=avg)
         j--;
     if (i<j)
         r[i]=r[j];
     while (i<j && r[i]<=avg)
         i++;
     if (i<j)
         r[j]=r[i];
 }
 r[i] = t;
 if(r[i] <= avg)
     return i;
 else
     return i-1;
}
void quicksort (int r[], int S, int T)
{
 int k;
 if (S<T)
 {
     k=partition (r,S,T);
     quicksort (r, S, k);
     quicksort (r, k+1, T);
 }
}
```

9.4

```
      int index(int r[],int l, int h,int key)
{
 int i=l,j=h;
 while (i<j)
 {
     while (i<=j && r[j] >key)
         j--;
     if (r[j] == key)
         return j;
     else
         j--;
     while (i<=j && r[i] <key)
         i++;
```

```
            if (r[i] == key)
                return i;
            else
                i++;
    }
    printf("Not find") ;
    return  0;
}
```

9.5
```
        void linkedListSelectSort( LNode *head )
{
    DataType t;
    LNode *p, *q, *r;
    p = head->next;
    while( p != NULL )
    {
        r = p;
        q = p->next;
        while( q != NULL )
        {
            if( q->data < r->data )
                r = q;
            q = q->next;
        }
        if( r != p )
        {
            t = r->data;
            r->data = p->data;
            p->data = t;
        }
        p = p->next;
    }
}
```